2250, S. d'arta

PHYSIOLOGIE

DES EAVX MINERALES

DE VICHY EN
Bourbonnois.

REVEVE, CORRIGE'E
des fautes de sa premiere
Impreßion, & augmentée
de nouueau.

Par CLAVDE MARESCHAL Docteur en
Medecine, de la faculté de
Montpellier.

Soluitur his iuuenum paßio, vita senum.

A MOVLINS,
Chez PIERRE VERNOY, au Vase d'or.

M. DC. XLII.

A MONSIEVR,
MONSIEVR LE MARQVIS
D'EFFIAT,
CONSEILLER DV ROY
en ses Conseils, & Lieutenant de
sa Majesté au Païs
d'Auuergne.

MONSIEVR,

Ma temerité d'entrepren-
dre la recherche des causes naturelles
de vos Eaux minerales de Vichy, se-
roit blasmable, & le Traicté trop petit, l'opinion trop nouuelle, & les
conclusions trop peu syllogistiques,
pour estre données au public, sans
l'appuy de vostre Authorité, & gran-

EPISTRE.

deur. Mais l'honneur que vous m'a-uez fait l'année derniere, m'appel-lant proche de vostre personne, pour vous assister en la preuue, & l'expe-rience que vous faisiez des effects de ces eaux, pour le bien & restablisse-ment de vostre santé, m'est un témoi-gnage asseuré de vostre approbation; en consequence de laquelle, ie vous supplie tres-humblement, Monsieur, de vouloir aggréer ceste Physiologie luy bailler vostre sauf-conduit, & me tenir pour iamais,

MONSIEVR,

Vostre tres-humble, tres-obeissant, & tres-honnoré Seruiteur,

C. MARESCHAL.

AVX
BEVVEVRS.

MESSIEVRS,
Le mauuais vsage des Eaux minerales, que i'ay
veu practiquer l'Année derniere, aux Eaux de Vichy, en-
semble la sollicitation de certains mes amis, m'ont contraint rediger par escrit en ce petit Cayer, ces raisons naturelles, la pluspart fondées sur les Preceptes de Galien,
pour l'instruction de ceux, qui iudicieusement, & auec
proffit s'en voudront seruir, & par mesme moyen re-
prouuer les abus de ceux, lesquels tant pour n'en auoir
aucune necessité, que pour n'auoir leurs facultez naturelles suffisamment fortes, pour les proffiter, sont incapables d'aucuns benefices d'icelles. Car ceux-là qui les
boiuent par complaisance, & à la mode, iouyssans de leur
plus parfaite santé, ne pouuans s'alterer en mieux, destrui-
sent leurs chaleur, & humidité naturelles, & se disposent
à maladies, & les autres caducs, & vieillards ja debiles en
ladite chaleur, & consommez en leur humeur radicale, se
trompent en leur esperance de se renouueller en mieux
par ces Eaux minerales. Ausquels neantmoins desirant
bailler la consolation possible, contre toutes leurs infirmitez, & la robe fourrée pour la conseruation de leur feu
naturel, i'ay rapporté de Galien les merueilleuses vertus
du plus ancien, plus experimenté, & plus precieux antidote de toute la Medecine. Que si la briefueté du dis-

cours ne satisfait à vostre iugement, philosophans sur cet Argument, vous l'expliquerez mieux au long, & pardonnerez, s'il vous plaist, à celuy qui desire viure sous la qualité de

MESSIEVRS,

Vostre humble, &
obeïssant Seruiteur,

C. MARESCHAL.

Aux Fontaines.

Sources? qui vous cachans sous les pierres
    profondes,
Empruntez les esprits, qui vous font vos
    reflus,
Qui cuisants vos substances, vous donnent les
    vertus
Des belles qualitez, pour guarir mille mondes?
Ces causes sont cogneuës, hé ne vous cachez plus!
L'esprit de Mareschal penetre sous vos ondes.

TABLE.

PHYSIOLOGIE
DES EAVX MINERALES
DE VICHY EN
BOVRBONNOIS.

CHAPITRE I.

TOVT ainſi que le peché de noſtre premier Pere nous a oſté la lumiere, par laquelle nos ames eſtoient éclairées à la cognoiſſance de leur bien ſpirituel ; le meſme nous a priué de la parfaite cognoiſſance des choſes naturelles, par leſquelles nos corps peuuent ſinon perpetuer leur vie, à tout le moins conſeruer leur premier treſor, qui eſt la ſanté. Et toutesfois, comme la Bonté du Createur par les eaux ſpirituelles du ſainct Bapteſme remet miraculeuſement nos ames en leur ſanté ſpirituelle ; ainſi la meſme Bonté par les eaux minerales, qu'il luy a pleu faire couler en tous les endroits de noſtre France, nous a diſtribué le merueilleux & ſpecifique remede pour la pluſpart de nos infirmitez corporelles ; dequoy tous les

B

François luy doiuent rendre graces, & plus particulierement les habitans de Vichy en Bourbonnois, puis qu'il a fait vn abbregé de toutes
les eaux minerales en leur fonds, & que de toutes les differentes qualitez d'icelles, qu'il a dif-
feremment & particulierement fait fortir en diuers lieux, generalement, & de toutes differences d'icelles, & copieufement en leurs fources,
il a doüé leur territoire; Car s'il a baillé des
fources chaudes à Belleruc, aux Bourbons, &
autres lieux propres à boire, & fe baigner; des
froides à Pougues, Sainct Myon, Sainct Per-
doux, & femblables : il a priué ceux-là des eaux
froides, & ceux-cy des chaudes. Mais en la Par-
roiffe de Vichy, de l'eftenduë de cinq cens pas,
il a donné nombre de fources, toutes lefquelles
font differentes en leurs premieres qualitez
actiues de cinq degrez : Car les bains font fuffifamment chauds, la fontaine quarrée plus temperée en fa chaleur, l'yne des boüillettes tiede,
l'autre temperée en froid, & celle du rocher des
Peres Celeftins fimplement froide. En forte
qu'il n'y a malade fi difficile puiffe-il eftre, qui
ne trouue en ce lieu-là des eaux faciles, & propres aux maladies par ce remede curables, foit
à boire, foit à baigner. Et fi quelque perfonne
plus difficile ne fe peut contenter des froides,
& acides du rocher des Peres Celeftins; il en

trouuera demie lieuë plus haut, cinq cens pas au deſſus d'Auteribe, le long de la riuiere d'Alier, qui ſont froides & acides en perfection, où il verra auec ſubiet d'admiration, comme la ſource liant enſemble le ſablon, s'eſt faite vn baſſin merueilleux, au bas duquel boüillonne en diuers endroits ceſte meſme ſource. On voit auſſi en meſme endroit dans la riuiere d'Alier du coſté d'Orient boüillonner d'autres ſources chaudes, leſquelles il y a trente ans n'eſtoient couuertes de la riuiere. Vn peu plus haut du coſté d'Occident de ladite riuiere, & au long d'vn grand chemin ſe rencontrent auſſi d'autres ſources minerales, mais le beſtail qui paſquage en ces lieux, auide de ces eaux pour leur ſaueur ſalée, les ſoüille, & rend inutiles. Bref toute la coſte correſpondante aux montaignes du coſté d'Orient, où ſe trouue abondamment certaine pierre argilleuſe, eſt abbreuuée de ſources plus ou moins minerales.

B ij

COMMODITE' DV LIEV
pour l'vsage des eaux plus qu'en tout autre.

CHAPITRE II.

I'AY dé-ja dit combien Vichy a de sources differentes en froid & chaleur, mais ie n'ay encores fait entendre la commodité du lieu pour les malades, laquelle librement ie peux asseurer nonpareille, au reste de la France, tant de la part du territoire, & des villes circonuoifines, que de la part des habitans d'icelles. Car quant au territoire, c'est vn pays plain, sec, éloigné de montaignes, parfaitement bien aëré, soufflé de tous les vents, sur la riuiere d'Alier, sur le grand chemin d'Auuergne, fertile en tous grains, entouré de bons vignobles, abondant en fruicts, propre à toutes chasses, & toutes pesches, commode à recouurer toutes necessitez des malades, tant aliments que remedes. Deux villes Cusset & Vichy, sont tellement voisines, que de l'vne & de l'autre tous les iours les malades s'y transportent à pied sec & plain chemin, en tout temps, soit pour boire, soit pour se baigner. Combien que le Roy aye fait con-

struire ſur le lieu des baſtimens pour la commodité des bains. Mais ce qui eſt de plus aggreable aux malades, ſont les habitans deſdites villes, leſquels ſont fort ſociables & courtois, qui
s'éuertuent à l'enuie de les bien loger, & faire
ſeruir.

POVRQVOY CES EAVX
iuſques à preſent n'ont eſté
frequentées.

CHAPITRE III.

TROIS choſes pour l'ordinaire ſont cauſes
que les eaux minerales ſont frequentées,
le bon ſuccez au reſtabliſſement de la ſanté de
ceux, leſquels s'en ſeruent bien à propos,
leurs vertus, & proprietez diuulguées par les
Docteurs Medecins fameux, & accreditez aux
lieux les plus éloignez, & l'eſtime de leur va-
leur entre ceux du païs. Or il eſt vray que cy-
deuant ces fontaines n'eſtans proprement con-
ſtruites, les perſonnes de remarque qui s'aſſi-
ſtent de conſeil en l'vſage deſdites eaux, n'ont
pû s'en ſeruir facilement ; ains ſe ſont portez
aux plus propres, & plus renommées, delaiſſans
celles-cy au petit peuple plus neceſſiieux, qui

ſans conduite s'en ſeruoit mal à propos, & partant le plus ſouuent ſans profit. Toutesfois la
principale cauſe, à mon aduis, ſont les Medecins
qui ont eu la direction & intendance des eaux
minerales d'Auuergne, & Bourbonnois, leſquels
habitans à Clermont, & Moulins, ont donné le
credit aux eaux qui ſont plus proches de leurs
villes, preferans leur commodité a celle de pluſieurs malades, qu'ils ont conduit d'ordinaire
aux lieux difficiles, mal propres, & aërez,
boüeux & mareſcageux, auſquels ſe trouuent
ſeulement des eaux chaudes ou froides, neceſſi-
tans apres ainſi les malades à ſe tranſporter auec
grande peine des eaux potables froides aux
bains, & des bains auſdites eaux froides, parce
que ces lieux n'ont diuerſes ſources froides &
chaudes comme Vichy. Les habitans duquel
n'ont pû s'imaginer que la frequentation de
leurs eaux leur fuſt proffitable, iuſques à preſent que la mode a rendu generalement parmy
toute la France les eaux minerales propres à
toutes maladies paſſées, preſentes, & futures :
en ſorte que ceux qui n'en veulent boire, ſont
reputez pour mal ſenſez & ignorans : mais pluſtoſt les ont touſiours ſoüillées, meſpriſées, meſmes mocqué, & renuoyé les malades, de crainte
de receuoir à ce ſubiet quelques incommoditez
en leurs iardins, vergiers, vignes, & maiſons.

DE QVELLES MATIERES
elles empruntent leurs qualitez.

CHAPITRE IV.

IVSQVES à ce temps les plus iudicieux Phi-
losophes, & Physiologiciens se sont trouuez
bien empeschez en la recherche de la cause des
eaux minerales. Car certains par euaporations,
calcinations, & lotions ont tasché de descouurir
la nature des mineraux de leur miniere ; d'autres par leurs effects, couleur, saueur, odeur en
ont voulu donner leur iugement ; mais finalement tous sont contraints d'aduoüer qu'il est
impossible de resoudre ceste question, & que
veritablement ainsi que dessus nous, le Createur dans les meteores ignées, & aqueux, produit iournellement des effects merueilleux ; de
mesme dessous nous, dans les entrailles de la
terre il en produit hors de nostre comprehen-
sion, principalement en la nature de ces eaux,
lesquelles sont de tant plus admirables, que sans
feu sensible, alterées & reschauffées, elles boüil-
lonnent en leurs sources, & sans presence d'aucune mine minerale elles rendent des effects
d'icelle. I'ay dit sans presence de mineraux,

d'autant que ie ne puis comprendre que les mines de calcanthum, alum, foulfre, bitume, fel
nitre fuffent fi rares en noftre France, puifque
plufieurs Prouinces d'icelle ont des eaux lefquelles participent de leurs qualitez. Et ie crois
fermement que fi ces eaux paffoient par les mines d'iceux, elles pourroient quelques fois auffi
bien trainer fur terre quelques parties d'iceux
mineraux, comme elles apportent les matières
groffieres, limonneufes, & pierreufes des lieux
où elles paffent. Mais ce qui me fait plus de difficulté, c'eft la diuerfité defdits minéraux, defquels fi les eaux participoient, il faudroit neceffairement que leurs mines fuffent meflées, ou
fort voifines, & toutesfois leurs qualitez font
aucunement contraires. Ce n'eft donc mon opinion, que ces eaux empruntent leurs qualitez
d'aucuns mineraux, ains feulement d'vne pierre
argilleufe, laquelle neantmoins reffemblant à
certain mélange de metaux, fait diuerfes couches de longue eftenduë entre deux terres dans
les montaignes de Vernet, Sainct Amant, &
Choffain, au deffus & proche de Vichy, defquelles certaines & plus baffes & profondes
eftenduës, iufques aux plus bas lieux de ces
quartiers, fe terminent le long du riuage d'A-
lier & dans iceluy. Si bien que les fources des
eaux au deffous enclofes, cherchans leur fortie,

font

font contraintes s'écouler fous icelles iufques à
leur defaut, d'où finalement elles fe produifent
fur la terre, ayans de ladite pierre argilleufe, par
leur longue traite, emprunté les qualitez & matieres qu'elles portent, & non d'autre mineral.

La preuue de mon opinion fe fait par plufieurs raifons. La premiere eft, que les montaignes fufdites voifines, defquelles s'écoulent ces
eaux du cofté d'Orient, font terminées par rochers extremement froids & durs; aufli ont-
elles leurs fources qui fluent dans la riuiere de
Chiffon extremement dures & froides; mais du
cofté de Nuict, & tirant contre Alier, & Vichy,
toutes ces montaignes font terminées, & entre-
couppées de ladite pierre argilleufe, & ont
grand nombre de fontaines, toutes lefquelles
indifferemment minerales, & autres de mefme
nature propres à boire engendrent la pierre &
le limon, ainfi que les minerales, dont il eft que-
ftion, la font par les lieux où elles s'écoulent,
mefmes que tous les puits du territoire de Vichy, à caufe de ladite pierre argilleufe, en laquelle ils font creufez, ne font propres à boire,
& tiennent des mineraux, ou pluftoft des qualitez de ladite pierre argilleufe.

La feconde raifon eft, que tout ainfi que deffus les fontaines minerales il furnage vne matiere qui femble graiffe, & laquelle plufieurs

C

croyent eftre bitume, qui neantmoins feiour-
nant à l'air fans agitation, s'endurcit, & petrifie
fans aucun gouft ny odeur que pierre; la mefme
graiffe en moindre quantité toutefois s'amaffe,
& s'endurcit fur toutes les eaux des fources
froides propres au boire ordinaire, qui coulent,
comme dit eft, de ces montaignes, fur la mefme
pierre argilleufe.

La troifiefme raifon eft, que faifant rompre
dans la terre affez profond, à coups de marteaux
& cifeaux ladite pierre argilleufe, elle rend la
mefme odeur que ces eaux; de forte que plufieurs perfonnes n'en ont pû fouffrir l'odeur.

Et de plus ladite pierre eftant puluerifée, la-
uée, l'eau coulée, & mife fur le feu, fait le fel au
premier boüillon, ainfi que l'eau de ces fontaines.

POVRQVOY LES VNES FROIDES, autres tiedes, & les autres chaudes.

CHAPITRE V.

IL eft certain que des entrailles de la terre par
la merueilleufe & fpeciale vertu du Soleil s'é-
leuent continuellement des vapeurs & exhalations, defquelles facilement s'éuaporent &

s'exhalent infenfiblement, pourueu qu'il ne fe
rencontre en leur chemin dans icelle aucun
corps efpois, & non poreux, auquel cas lefdites
fumées font contraintes de cercher leur fortie
vers le defaut defdits corps, & felon le rencontre des eaux, qhi d'autre part cerchent femblablement leur fortie, fe meflans fous iceux, cui-
fent parfaitement ces eaux, & produifent des
fources chaudes & boüillantes, telles que font
celles des bains de Vichy, lefquelles fortent de
deffous certaine pierre argilleufe, femblable en
couleur & confiftence à metail, & toutesfois
different en chaleur, proportionnément aux
parties froides terreftres, ou rochers d'autre nature qu'elles ont à trauerfer defpuis leur fortie
de deffous ladite pierre argilleufe, iufques à leur
faillie fur terre. Mais comme dans lefdites montaignes la fufdite pierre argilleufe eft fi abondante, qu'elle fait diuerfes couches entremélées
d'autres couches de terre commune, lefquelles
toutesfois s'eftendent de toute la largeur defdites montaignes, voire beaucoup au delà, paffans
fous la riuiere d'Alier, i'eftime que les fources
fufdites de rencontre au deffous de la plus baffe
couche, reçoiuent feules lefdites fumées, auffi
font elles feules actuellement chaudes: car celles qui coulent entre deux argilles priuées defdites fumées coulent froides, & peu cuites, &

n'ont autre chaleur actuelle ou virtuelle que
des vapeurs & exhalations, qui s'éleuent des
premieres & plus baſſes couches de ceſte pierre
argilleuſe, auſſi ſont-elles de peu d'effect : mais
les froides qui ſont cuites, & contiennent virtuellement les bonnes qualitez des eaux minerales, perdent leur chaleur actuelle en la longueur de leur traite paſſans au trauers des rochers, ou autres corps de nature froide, leur
virtuelle demeurant : ou ſi elles ſont vn peu co-
pieuſes en leurs ſources, & plus voiſines de
leurs fonds, elles conſeruent vn peu de leur
chaleur actuelle, & coulent tiedes.

COMMENT CES EAVX MINERALES
ſont eſchauffées.

CHAPITRE VI.

Pour plus facile intelligence du Chapitre
precedent, le dis que tout ainſi que l'actiuité
du feu eſt augmentée par deux moyens, ſçauoir
par la contrainte, comme au feu de reuerbere,
& par l'agitation, ou pluſtoſt nourriture de la
flamme par le ſouffle continuel, comme au feu
des forgerons & émailleurs : de meſme façon,
les fumées chaudes qui montent des entrailles

de la terre, contraintes & retenuës sous nostre
pierre argilleuse, & suiuies continuellement de
nouuelles fumées, lesquelles redoublent & impriment plus fortement leur chaleur dans ces
eaux sous ladite pierre encloses, auant que la
chaleur introduite par les premieres fumées
soit aucunement dissipée, sont plus que suffisantes à les cuire, & reschauffer iusques au degré
de chaleur qu'elles remportent auec elles. Ainsi:

Quand la terre a de froid sa surface croustée,
Des esprits sousterreins l'eau de source est
    chauffée.

Cela se manifeste sensiblement en la destila-
tion commune, en laquelle les fumées qui
montent des simples contenus, & reschauffez
dans le bassin de l'alembic, ne sont suffisantes à
reschauffer les mains exposées au dessus, le chapiteau estant osté, lesquelles neantmoins ledit
chapiteau remis, contraintes & conseruées sont
renduës si chaudes, qu'il est impossible d'ex-
poser & tenir le doigt au bec dudit chapiteau,
& sortie des mesmes fumées sans se brusler.
Cela se manifeste aussi fort clairement en la
coadunation de la lumiere d'vn miroir ardent;
car si vne glace ronde & plaine, partagée en
huict parties égales, desquelles celle du milieu
soit marquée *A.* & les sept qui l'enuironnent,
marquées *B. C. D. E. F. G. H.* est droictement

oppofée aux rayons du Soleil, elle produit par
fa lumiere vn degré de chaleur à chaque partie
de la matiere poftpofée auffi également, femblablement partagée, & correfpondente à chacune de fes parties; & ce feul degré de chaleur
n'eft fenfible. Mais fi la glace ronde, & faifant
vne mediocre boffe, eft oppofée aux rayons
Solaires, les huict degrez de chaleur feront
comproduits en vne feule partie des huict de la
matiere poftpofée, & ces huict degrez de chaleur reünis font capables de brufler : Car la lumiere de la glace *A.* fera directement portée,&
produira fon degré de chaleur à la matiere *A.*
la lumiere de la glace *B.* obliquement receuë
des rayons, fera reflefchie, obliquement portée,
& produira fon degré de chaleur à la mefme
partie de la matiere *A.* la lumiere de la glace *C.*
auffi obliquement receuë des rayons fera refle-
chie, obliquement portée, & produira fon degré de chaleur à la mefme partie de la matiere
A. & ainfi de *D. E. F. G. H.* de façon que la lumiere des huict parties de la glace fera toute
produite en la huictiefme partie de la matiere
poftpofée, en laquelle partant feront comproduits les huict degrez de chaleur attribuez au
feu, lequel neceffairement y fera introduit par
cefte coadunation : Et c'eft en cefte maniere
que les efprits foufterreins affemblez de toutes

parts,& contrains à mesme sortie que ces eaux
sont reünis , & les réchauffent.

POVRQVOY BOVILLENT
ces eaux.

CHAPITRE VII.

DEVX causes font éleuer, & boüillir continuellement ces eaux minerales , les esprits
qui procedent de la chaleur , tant des fumées
susdites, que de nostre pierre argilleuse , & lesdites fumées lesquelles sortent de ces lieux sousterreins auec contrainte & impetuosité. Que
les esprits qui procedent de la chaleur de ces fumées fassent boüillonner ces sources , voire
mémes rejaillir,& sauter à l'air des petites gout-
telettes de la superficie de leurs eaux, l'exemple & l'experience se voit tous les iours en l'é-
bullition qui se fait du vin aux vendanges dans
les tonneaux, pendant le temps qu'il se cuit , &
purifie : ou selon que ses esprits sont agitez &
excitez par la chaleur de ladite coction , le vin
s'éleue & boüillonne ; & rejaillit de mesme façon que ces eaux : & que les fumées tant seiches qu'humides sortans auec resistence & em-
peschement de ces eaux , les fassent aussi esle-

uer par ondées, selon qu'elles sont reünies, &
multipliées. L'exemple se voit au reflux de la
mer Oceane, en laquelle selon que par les in-
fluences ordinaires, & reiglées des astres, les
vapeurs & exhalations sont excitées, & tirées
du profond de la terre, couuerte hautement de
ceste mer : son eau est éleuée, & desborde iusques à tant que ces fumées soient sorties, &
exhalées au trauers de cét impitoyable element.

QVE TOVTES CES EAVX minerales dans le fonds de leurs sources sont actuellement chaudes.

CHAPITRE VIII.

CE S T E verité cogneuë par les raisons naturelles cy-deuant escrites, que toutes ces
eaux spontanées sont échauffées, & cuites par
la multiplication, & contrainte des continuelles
fumées chaudes, qui s'éleuent du profond de
la terre : la consequence suit infaillible que dans
le fonds de leurs sources, elles sont toutes actuellement chaudes, & se manifestent telles, si elles
sont copieuses, ou si elles ont leur sortie ouuer-
te droite, & perpendiculaire à leurs fonds : car
celles qui fluent en petite quantité faisant trop
long

long, & oblique chemin sous la terre, ou trauer-
sans les rochers de rencontre, qui auoisinent la
surface d'icelle, perdent ceste chaleur actuelle :
Et bien plus, si leurs reseruoirs & bassins sont
de trop ample capacité, quoy que chaudes
actuellement en leur sortie dans ces reseruoirs,
ces eaux s'éuaporent & se refroidissent de la forte qu'elles semblent estre actuellement froides:
ainsi que l'experience le monstre en la fontaine
Ouale, qui est à deux cens pas des bains.

COMMENT CES EAVX PRENNENT
le goust, & l'odeur des mineraux.

CHAPITRE IX.

PVISQVE la chaleur des eaux minerales,
comme a esté dit, procede des fumées sou-
sterriennes encloses dans le profond de la terre sous des corps espois, sous lesquels meslées
auec ces eaux, elles les cuisent & attenüent,
& n'ayans leur liberté de diuers endroits, sont
contraintes à mesme sortie, ainsi qu'en l'alembic, les exhalations fumées seiches, & les vapeurs fumées humides refroidies, incrassées, &
conuerties en eau sortent par le mesme bec : il
est facile à raisonner que la difference des qua-

D

litez minerales de ces eaux, procede entierement de la qualité empruntée des corps espois,
sous lesquels, & lesdites exhalations & les eaux
sont contenuës encloses. De sorte, que celles
de Vichy, s'écoulans du dessous ladite pierre argilleuse mixte & fort minerale en remportent
les qualitez. Ce qui leur est de tant plus facile,
que coulans sous icelle, la réchauffant, & lauant
continuellement, elles s'impriment, & s'impre-
gnent de ses qualitez & accidens, voire mesme
se chargent, & remportent quant & elles de ses
matieres, & substances.

POVRQVOY LES EAVX PLVS
chaudes sont moins acides, les plus froides
plus acides, & les temperées proportion-
nément à leur chaleur, ou froid.

CHAPITRE X.

L'ACIDE estant la premiere des saueurs
froides, & le goust naturellement aqueux;
il est raisonnable que ceste saueur se conserue,
& manifeste plus sensiblement dans l'humide
froid, que dans celuy qui est chaud. Car tant
plus que le subiect participe des qualitez des
accidens qu'il soustient; de tant plus aussi les

rend-il senfibles à nos fens. Ainfi les couleurs font plus vifibles fouftenuës par des fubftances opaques, que par celles qui font diaphanes ; les fons par vn air plus pur & fubtil ; les odeurs par vne fumée plus fubtile & vaporeufe ; la chaleur eft plus actiue & fenfible en vn corps efpois & ferré ; & les eaux minerales, bien que toutes acides generalement, neantmoins cefte faueur fe manifefte mieux, fouftenuë par les eaux froides, comme eftans fubftances plus conformes à la conferuation de fa qualité, que par les eaux actuellement chaudes, aucunement à elle contraires, plus ou moins felon le degré de chaleur.

QVELLES MATIERES CES EAVX trainent quant & foy, & des animaux qu'elles engendrent.

CHAPITRE XI.

PLVSIEVRS fois la curiofité m'a porté à la confideration des matieres & feces que ces eaux reiettent, & laiffent en leurs canaux, & fontaines, aufquelles i'en ay trouué de quatre differences, bien remarquables auffi à vn chacun.

La premiere, eft vne matiere craffe, & ter-

reftre qui fe petrifie continuellement, en forte
qu'il la faut rompre auec marteaux, pour em-
pefcher que leurs defchargeoirs n'en foient
boufchez, & s'endurcit de cefte forte venant
à prendre l'air.

La feconde, eft le falpetre, lequel eft meflé
copieufement auec la matiere fufdite; mais particulierement & plus purement fe fait, & amaffe
par la vapeur de ces eaux contre les paroits ad-
jacents.

La troifiefme, eft vne efpece de limon ver-
daftre & noir, qui femble participer du bitume,
quoy qu'il n'en tienne rien, & n'eft autre chofe
que les parties plus vifqueufes, & graiffes, qui
procedent de noftre pierre argilleufe : (car les
petites bulles que ce limon enferre, & conferue
longuement en foy, faites par l'air, & les efprits
enclos & retenus tefmoignent fuffifamment fa
vifquofité) comme la feconde en font les parties feiches plus fubtiles, & la premiere les parties feiches plus craffes & terreftres.

La quatriefme, femble vne graiffe de diuerfes couleurs, qui furnage ces eaux, laquelle auffi
plufieurs ont creu eftre bitume, & ne l'eft aucunement : car ayant demeuré quelque temps
expofée à l'air fur la fuperficie de ces eaux fans
agitation, elle fe congele, & glace en vne efpece de pierre, laquelle mife dans le feu ne fait

flamme, fumée ny charbon; battuë en l'eau ne se
destrempe pas, va difficilement à fonds, & mi-
se sur la langue n'a aucun goust ny odeur, ainsi
qu'vne simple pierre commune; & toutesfois
broyée entre les doigts est dure, (friable neantmoins) & de consistence, & naturel de pierre:
la nature de laquelle m'est plus difficile à comprendre, que de tout le reste; veu que le naturel de la pierre est d'aller au fonds de l'eau, &
celle-cy de soy surnage tousiours : c'est pourquoy ie n'en veux à present dire d'aduantage,
pour en laisser la raison à la recherche des plus
curieux, & subtils Physiologiciens : Mais pour
ne rien obmettre, ie diray que dans ces eaux
s'engendrent & nourrissent plusieurs animaux
imparfaits de differentes especes, entre lesquelles il y en a deux fort remarquables.

Les premiers, sont vers blancs de grosseur &
longueur d'vn gros fer d'aiguillette, ayans vne
queuë de mesme longueur, & sont entierement
semblables à ceux qui s'engendrent ordinairement aux latrines, dans les excrements humains,
& ceux-cy se trouuent en grand nombre dans
le grand boüillon des bains derriere le logis
du Roy.

Les autres, sont especes de sansuës, qui se
nourrissent aussi en quantité quelquesfois dans
les eaux tiedes qui sont du costé d'Orient, à

D iij

cent pas deſdits bains. En quoy ſera remarqué
que la generation & nourriture de tous ces animaux dans ces eaux minerales peut ſeruir de
raiſon ſuffiſante à faire cognoiſtre, & croire
qu'elles n'empruntent leur acidité, & autres
qualitez d'aucunes mines ſouſterriennes, autres
que noſtre pierre argilleuſe ; puiſque le vitriol,
ſoulfre, bitume, alum, ſalpetre, & autres mineraux de leur nature empeſchent toute pourri-
ture, & tuent toute ſorte de vermine.

QVE LES EAVX QVI
participent moins des mineraux ſont
les meilleures.

CHAPITRE XII.

D'AVTANT qu'il eſt certain que l'effect de
ces eaux dépend de la tenuité de leurs parties, & que partant il ſuffit que dans les entrailles de la terre elles ſoient cuites & attenuées ſuffiſamment pour obeïr aux facultez naturelles, afin de paſſer promptement, legerement, & copieuſement dans nos corps ; il ap-
pert clairement, que celles qui ſont plus ſim-
ples, & pures de toutes matieres eſtranges, ſont
les meilleures pour les corps mal faits en leur

santé : & par effect, ces eaux estans d'ordinaire
employées à desopiler les visceres inferieurs,
par lesquels elles ont leur cours ; & telles opilations procedans de la crasse & viscosité des humeurs y retenuës ; sans doute de tant plus que
ces eaux contiennent des matieres des mineraux, de tant plus elles sont terrestres, crasses,
grossieres, impures, & dangereuses de laisser de
leur crasse dans lesdites parties, & augmenter
leurs opilations : mais celles qui sont simples,
cuites, & pures de tous mineraux, sont innocen-
tes, plus aggreables à boire, & tres-vtiles au ré-
stablissement de la santé.

QVE CES EAVX NE SONT
proprement purgatiues.

CHAPITRE XIII.

LEs eaux minerales estans mélangées de diuerses substances, qu'elles ont apporté des
lieux sousterreins, contiennent diuerses formes
desquelles les proprietez estans aussi diuerses,
elles ne peuuent specialement attirer aucun humeur, ny obliger la nature à purgation : car
estans virtuellement chaudes, & desiccatiues,
tant s'en faut qu'elles puissent fermenter, &

agiter les superfluës humeurs contenuës en nos
corps, pour irriter, & obliger la nature à leur ex-
pulsion, que certainement à raison de ces qualitez elles doiuent astraindre, serrer & empescher
toutes euacuations, par les parties où elles sont
receuës : & comme elles n'ont aucune qualité
occulte pour attirer, aussi ne vuident-elles pas
en reserrant par haut, pour exprimer contre le
bas les excremens retenus, non plus qu'elles ne
sont capables de remollir, puis qu'elles sont desiccatiues : mais toute leur vertu purgatiue con-
siste en la quantité qu'elles sont beuës, au
moyen de laquelle elles dilatent ; & coulans
en abondance, détachent, lauent, & emme-
nent quant & soy toutes superfluitez retenuës,
qu'elles rencontrent dans les parties, par lesquelles elles passent : de façon que si elles ne
sont beuës en suffisante quantité, elles sont retenuës dans les corps sans effect, mais au grand
preiudice de santé.

COMMENT

COMMENT PASSENT CES EAVX
par nos corps.

CHAPITRE XIV.

CE n'est pas, comme a esté dit, la qualité des mineraux qui rend les eaux potables medi-camenteuses, faciles à passer par les visceres, puisque la plus part d'iceux sont desiccatifs & adstringens : Mais c'est plustost la cuicte & le-gereté d'icelles, qui les subtilise, attenuë, & fa-cilite leur attraction de partie en partie iusques à l'entiere euacuation ; aussi de soy ne peuuent-elles se porter aux mesaraiques, foye, reins, & autres parties, mais comme legeres, & subtiles par la vertu attractrice de chacune partie fame-lique, sont attirées subsidiairement de l'vne à l'autre des parties nutritiues, & comme recon-neuës inutiles par l'expulsiue d'icelles, sont re-iettées, & euacuées toutesfois & quantes ces deux facultez en chacune partie de l'œcono-mie naturelle sont fortes, & naturellement bien exercées ; autrement elles en demeurent char-gées, & pour l'ordinaire alterées & offensées. Il est donc necessaire qu'elles soient beuës les concoctions paracheuées, afin que les parties

E

renduës libres de tout aliment,& fameliques,les
attirent plus viftement , & plus copieufement;
mais n'y trouuans dequoy proffiter, elles s'en
dépefchent auffi plus viftement & facilement:
car apres que le ventricule les a receuës, & que
fruftratoirement il a fait fes efforts pour en tirer
quelque aliment, s'ouurant par fon pylore il les
relafche, & expulfe dans les inteftins , lefquels
femblablement n'y proffitans aucun aliment,les
expulfent par leur mouuement periftaltique
vers le dos, tandis que le foye par les mefaraiques en tire vne bonne partie, de laquelle auffi
trompé il fe defcharge dans la veine caue, & de
là puifées par toutes les parties , bien toft auffi
par leur expulfiue font renuoyées,& par la vertu attractrice des reins, comme ferofitez fuperfluës & inutiles, elles font rappellées , defchargées par les vreteres dans la vefcie, & finalement felon la volonté & neceffité reiettées
auec les vrines.

QVE L'EAV FROIDE DES
*fontaines, puits, & riuieres beuë en
quantité n'est capable de faire
les effects des eaux
minerales.*

CHAPITRE XV.

TOVTES eaux froides & cruës receuës dans le ventricule & les intestins peuuent de leur poids beuës en quantité descendre par le ventre, destremper en quelque façon, & lauer grossierement les excrements qu'elles y rencontrent; non toutesfois les nettoyer de leurs mucositez, ou autres humeurs grossieres & visqueuses retenuës contre nature, puisque pures & simples en leur substance elles ne participent aucunes qualitez detersiues : mais elles sont incapables d'aller plus auant par nos corps, d'entrer dans les veines mesaraiques, trauerser le foye & les reins pour passer par les vrines : car comme elles sont de leur qualité froides & dures, & de leur substance grossieres, tant s'en faut qu'elles puissent ouurir les emboucheures de ces vaisseaux aboutissans au long du ventricule & des intestins, que plustost les serrans

E ij

elles ſe ferment l'entrée, & ſurchargeans les inteſtins & ventricule elles remonteroient pluſtoſt à la bouche, que de les pouuoir ouurir &
trauerſer : & qui eſt plus dangereux, beuës ſi
copieuſement, elles cauſeroient par leur froid
des tranchées, & coliques aux inteſtins, voire
meſmes ſi attirées elles pouuoient aller iuſques
au foye, alterans ſon temperament elles deſtrui-
roient ſa faculté ſanguificatrice, & pourroient
occaſionner quelques hydropiſies.

QVE L'EAV BOVILLIE AV FEV
ne peut produire les effects des eaux
minerales.

CHAPITRE XVI.

COMME naturellement les eaux minerales
medicamenteuſes ſont de ſoy telles par la
tenuité de leur ſubſtance, à cauſe de la coction
qu'elles reçoiuent ſous noſtre pierre argilleuſe,
par le moyen des continuelles vapeurs & exhalations, ſans rien exhaler auparauant leur ſortie
ſur terre, & que les eaux des riuieres, puits, ou
fontaines communes ne peuuent artificielle-
ment par aucune coction acquerir ceſte tenuité, auſſi ces eaux froides ne peuuent faire les

effects des minerales. Que cela foit, la raifon &
l'experience le monftrent en ce qu'on ne fçau-
roit cuire fur le feu l'eau froide, fans que le plus
fubtil d'icelle s'éuapore continuellement dū-
rant la cuitte par l'ouuerture du vaiffeau qui la
contient : de forte mefme, que par la trop longue cuitte elle fe peut toute éuaporer: & fi pour
conferuer ces parties attenuées par la coction ,
on bouche exactement ladite ouuerture du vaiffeau, la rarefaction de l'eau fe faifant par la chaleur , neceffairement fes parties ne pouuans
eftre contenuës en leur premier lieu , rom-
proient le vaiffeau de peur de penetration , fe
verferoient & perdroient pluftoft que de pouuoir acquerir cefte tenuité de fubftance, requife
pour obeïr aux facultez naturelles, & produire
les effects des eaux minerales.

POVRQVOY CES EAVX NE
paffent à certaines perfonnes.

CHAPITRE XVII.

APRES auoir pofé pour fondement comme ces eaux paffent par nos corps, non de
leur naturelle faculté, mais par la force de l'attractrice, & expultrice miniftrantes de la fa-

culté naturelle, il ſuit infailliblement que ceux
qui ont leurs parties naturelles bien ſaines, &
robuſtes en leurs facultez n'ont aucune difficulté à les rendre (comme ſont ieunes perſonnes bien ſaines) & au contraire, ceux qui les ont
viciées d'intemperies, opilations, & mauuaiſes
conformations, ou les ont foibles & debiles ne
les peuuent rendre, & en demeurent empeſchez, & plus mal, ou les rendent en partie ſeulement auec danger, (comme ſont vieilles perſonnes & caduques, & autres remplies d'obſtructions inueterées) ſi elles ne ſont promptement
euacuées par remedes conuenables & hydragoges : Et l'experience monſtre cela tous les
iours aux maladies, qui requierent principalement l'vſage de ces eaux : car en celles qui ont
leurs cauſes dans les inteſtins, comme ſont les
coliques, dautant que les inteſtins ont manqué
en leur expulſiue, eſtans en bon eſtat, & ſe ſont
laiſſez empeſcher de quantité de groſſieres matieres, qui apres ce cauſent leurs maux; ces mémes inteſtins eſtans empeſchez & malades, ſont
inſenſibles auſſi bien aux eaux comme aux autres remedes, & ne les deſchargent par le ventre, s'ils n'y ſont aydez par autres remedes, ains
elles ſont toutes attirées du foye, & paſſent toutes par les vrines, de façon que les pauures malades n'en ſont aucunement ſoulagez ; & au

contraire, si les maux sont vers les reins, & requierent la descharge de ces eaux par les vrines, pour les mesmes causes & raisons elles ne passent par les vrines, ains par le ventre, & ne seruent iamais aux pauures malades, s'ils n'vsent de remedes conuenables, & propres à les y faire passer.

QVELLES MALADIES DIRECTEMENT
& infailliblement sont guaries par ces eaux.

CHAPITRE XVIII.

CEs eaux passent abondamment par le ventricule, intestins, vreteres, & vescie, qui sont canaux suffisamment ouuerts, en sorte qu'elles peuuent par leur quantité copieuse détremper, lauer, & emmener quant & soy toutes matieres grossieres, terrestres, gluentes, & visqueuses, qui s'arrestent dans le ventricule, intestins, dans le bassin des reins, dans les vreteres, & la vescie; & partant directement & infailliblement elles guarissent les maux du ventricule, toutes vrayes coliques, & nephritiques, prouenantes de telles matieres; non qu'il faille croire qu'elles corrigent l'intemperie chaude,

& ſeiche des reins qui engendrent la pierre;
car leur effect eſt de ſoy contraire à cauſe de
leurs qualitez & matieres minerales ; mais en
ce que paſſans en quantité elles dilatent les vreteres, & en deſtachent les matieres craſſes , &
ainſi elles ſuruiennent à l'accident , mais elles
ne corrigent l'indiſpoſition pour l'aduenir.

QVELLES MALADIES DE SOT, ou accidentellement ſont guaries par ces eaux.

CHAPITRE XIX.

TOvtes les eaux minerales ſont déſicca-
tiues, & la plus part calefactiues, & partant
de ſoy ſont toutes vtiles aux intemperies froides & humides, mais preiudiciables à toutes intemperies chaudes & ſeiches, & toutes obſtructions des viſceres du ventre inferieur, ſi ce n'eſt
accidentellement , lors que les groſſieres humeurs qui bouchent les vaiſſeaux capillaires
dans le meſentere, foye , & autres viſceres, &
qui ſequemment retardent les autres bonnes
humeurs en leur paſſage , (ſi bien que les viſceres demeurans empeſchez & chargez ſe reſ-
chauffent & cauſent de grands maux) par ces
eaux

eaux lesdites humeurs grossieres sont détachées, lauées, & destrempées desdits visceres, la liberté de passer procurée aux bonnes humeurs; & ainsi la chaleur desdits visceres par l'absence de ceste susdite cause est attemperée, & le corps est remis en santé.

COMMENT CES EAVX SERVENT
aux opilations de la vescie, du fiel, de la rate, & prouoquent les menstruës, & les hæmorrhoïdes.

CHAPITRE XX.

POvr despescher les parties des humeurs grossieres qui les opilent, il est necessaire que les remedes y soient portez par presence, ou par leurs speciales facultez; Mais comme l'effect de ces eaux ne despend d'aucun mineral, ains seulement de leur cuitte, legereté, & obeïssance aux ministrantes de la faculté naturelle; aussi ne procede-il aucunement d'aucune specifique faculté, laquelle puisse agir de quelque distance; mais bien de la presence de leur totale substance, laquelle passant en quantité détrempe, & nettóye les superfluitez retenuës contre nature dans lesdites parties, de façon

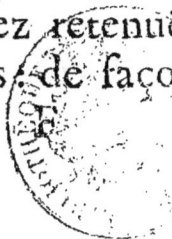

que ces eaux ne paſſans par la veſcie du fiel, ny par la rate, nõ plus que par les vaiſſeaux ſpermatiques & hemorrhoïdaux, il n'y a raiſon apparente pour croire qu'elles puiſſent aſſeurément ouurir leurs opilations : car l'attractrice de la veſcie du fiel n'en attire qué les parties bilieuſes ; celle de la rate, que les feculentes & melancholiques, puiſque leurs propres actions ſont de nettoyer le ſang deſdits excremens, mais par les vaiſſeaux ſpermatiques ne ſont attirées autres humeurs, que le ſang elabouré, & plus pur pour la generation de la ſemence, ou ſuiuant l'ordre de nature bien reglée, s'ouurans relaſchent, & deſchargent le ſang ſuperflu par les menſtruës, comme les hemorrhoïdaux interieurs deſchargent le ſang groſſier & melancholique de la rate veine porte & meſentere, & les exterieurs celuy de la veine caue, & du foye. Partant donc ces eaux ne paſſans par ces parties, elles ne les peuuent deſopiler, & ſi fortuitement quelques ieunes perſonnes y trouuent leur mieux, ce n'eſt que par accident, lors que les autres viſceres où paſſent ces eaux ſont nettoyées des mauuaiſes humeurs, qui bouchét les extremitez de leurs deſchargeoirs, leſquels ſe terminent au ventricule & inteſtins, & ſequemment deſchargent, ou diſpoſent mieux ceſdites parties à leur naturelle deſcharge. Ainſi les

quartenaires font guaris de leurs fiévres quartes, ayans laué quelque temps & nettoyé leurs
ventricules des humeurs atrabilaires, defquels
leurs rates fe defchargent naturellement par le
petit vaiffeau dans lefdits ventricules.

QVE LE FLVX DES MENSTRVES
& des hæmorrhoides n'empefchent l'uf
de ces eaux.

CHAPITRE XXI.

COMME ces defcharges fe font par la force des facultez naturelles par des parties, au
trauers lefquelles les eaux minerales ne paffent
aucunement; auffi ces eaux ne font capables de
les augmenter, & beaucoup moins les arrefter.
Car tout ainfi que ces eaux n'ont aucune vertu
attirante & vrayement purgatiue, ny autre faculté expulfiue, que par leur prefence & quantité; auffi ne peuuent-elles referrer, & empef-
cher telles vacuations, puifqu'elles ne paffent
dans les vaiffeaux qui feruent à ces purgations
naturelles, & toutesfois fi quelques perfonnes
par la foibleffe de leur expultrice ne font naturellement purgées, ou quelques autres par la
foiblffe de leur retentrice le font par excez ; il

peut eftre que par l'vfage de ces eaux nettoyans
les impuretez du ventricule & des inteftins, des
mefaraiques & des reins, les vaiffeaux deferens,
hypogaftriques & hemorrhoidaux reçoiuent
quelque meilleure difpofition , au moyen de
laquelle les humeurs foient purifiées , & fe-
quemment ils exercent plus parfaitement leurs
facultez pour le bien de leurs corps.

A QVELLES PERSONNES,
& quelles maladies nuifent
ces eaux.

CHAPITRE XXII.

L'EXPERIENCE fait voir tous les iours
combien les vieillards ja caduques reçoiuent de detriment de leur fanté par l'vfage de
ces eaux, auffi bien que ceux qui ont des opilations inueterées en leurs vifceres : car & les vns
& les autres ayans leurs facultez expultrices foibles , malaifément rendent lefdites eaux, ou fi
certains vieillards ont eu leurs expultrices fortes , la plufpart auffi ont eu leurs retentrices foibles , iufques à cela qu'apres l'vfage frequent
d'icelles, ils n'ont pû contenir leur vrine, & ont
finy leurs iours auec cefte cuifante incommo-

dité ; mais comme l'expultrice a manqué aux visceres opilez dés long temps, & que par ce defaut se sont formées & faites telles obstructions, par la foiblesse de la mesme ministrante, ordinairement sont retenuës les eaux, lesquelles de tant plus refroidissent les visceres opilez, les affoiblissant, & les disposant à l'hydropisie, que plus se portent negligemment les malades aux remedes propres à desopiler, & roborer leursdits visceres auant l'vsage de ces eaux, ou aux hydragoges, & diuretiques, lors qu'ayans beu quelques iours, ils ne les rendent pas, ou les rendent en moindre quantité : Mais ceux qui ont le foye, ou autre viscere naturellement chaud, qui sont de temperament bilieux, ou fort melancholique, qui sont subiets aux douleurs de teste inueterées, & idiopathiques ; qui ont le cerueau naturellement chaud, & foible, ne doiuent à leur detriment faire l'essay de ce remede ; non plus que les catharreux, goutteux, & asthmatiques, veu que ces eaux sont fort vaporeuses, & remplissant le cerueau, fournissent les matieres superfluës, & excrementeuses, lesquelles causent nombre de fascheux accidens.

F iij

RECAPITVLATION DES
precedentes raisons.

CHAPITRE XXIII.

TOvt ce que i'ay cy-deuant déduit des effects de ces eaux minerales, confiste en ce qu'elles lauent, & nettoyent les visceres du ventre inferieur de leurs impuretez, & partant de soy elles guarissent la pluspart des maladies, qui troublent l'œconomie naturelle : car quand à celles, lesquelles affligent les parties vitales, & les animales ; celles seules reçoiuent par accident leur changement en mieux, lesquelles par le vice des naturelles sympathiquement sont excitées, & entretenuës : & par effect, comme la premiere concoction est la plus importante, & la plus abondante en excremens, il est bien necessaire que le ventricule, intestins, & mesentere, qui sont les visceres, par le moyen & operation desquels, ladite coction, & la distribution sont faites, soient souuent nettoyées, autrement ils restent enchargez de quantité de superfluës humeurs, lesquels enfin, par leur long sejour, s'alterent, ou corrompent, & causent le desordre, & sedition que font en nos corps la pluspart des maladies. C'eſt pourquoy ceux qui ſont ſujets à tels amas & ſuperfluitez, ſont neceſſitez de recourir pour le moins vne fois l'année à ces eaux minerales pour s'en nettoyer, & conſeruer leur ſanté.

QVAND LA PVRGATION EST neceſſaire auant l'vſage de ces eaux.

CHAPITRE XXIV.

LEs parties qui reçoiuent aſſeurée guariſon par la boiſſon de ces eaux minerales, ſont le ventricule, inteſtins, meſaraiques, foye, reins, vreteres, & la veſcie; parce que par ces parties elles ont leur cours ordinaire, & partant ſi les maladies pour leſquelles elles ſont employées, ont leur cauſe dans ledit ventricule, inteſtins, vreteres, & veſcie, parce que ces parties ſont amplement creuſes, & ouuertes, & dans leſquelles ces eaux paſſent librement, & en quantité; il n'eſt aucunement neceſſaire d'aucun purgatif pour leur preparer & faciliter leur cours. Mais comme à la communication, & anaſtomoſes des racines des vaiſſeaux de la veine porte auec ceux de la veine caue dans le foye (qui ſont fort petits) ces vaiſſeaux ſont ſouuent empeſchez par matieres craſſes & viſqueuſes, leſquelles retardent le paſſage des bonnes humeurs, & que les reins ſont auſſi ſouuent occupez de ſemblables matieres, tant aux extremitez des vaiſſeaux de leurs veines emulgentes, qu'en la ſubſtance des petites caroncules, ou corps glanduleux d'autre nature que leur parenchyme, auſquels ces extremitez des vaiſſeaux ſe terminent dans les reins, & au trauers leſquels, les ſeroſitez de l'vrine ſont tranſcoulées, auant que s'amaſſer au baſſin des reins, & prendre leur chemin dans les vreteres ; ſi les maladies ſont dans le foye, ou dans les reins, il eſt abſolument neceſſaire par frequentes decoctions aperitiues, & purgatiues, premierement les deſopiler, ou diſpoſer auſdites eaux, pour faciliter leur cours, auſſi bien que lors & quantes les obſtructions occupent les meſaraiques : mais plus particulierement ſi elles occupent les glandules du meſentere, le meat choledoque, ou les petits vaiſſeaux par leſquels la veſcie du fiel attire la bile du foye, ſi elles empeſchent la rate, ſi elles bouchent les vaiſſeaux ſpermatiques, la matrice, ou les veines hemorrhoidales.

SI ON

SI ON DOIT BOIRE DES
chaudes , ou des froides.

CHAPITRE XXV.

CEs eaux actuellement chaudes font auſſi accidentellement telles par deux cauſes : Car quand à la ſimple qualité elles l'empruntent des ſuſdites exhalations & vapeurs, leſquelles les cuiſent en quelque façon, comme eſt l'eau boüillie deuant le feu; mais c'eſt plus parfaitement, ſans aucune éuaporation, & ſans y imprimer aucun empyreume, ainſi que chacun par le gouſt peut recognoiſtre s'il en met dans la bouche venant de leurs fontaines toutes chaudes, ou apres les auoir gardé quinze iours déja refroidies ; Ce que l'experience monſtre contraire aux eaux tirées par violence du feu, leſquelles reçoiuent & gardent l'ignition, & empyréume les années entieres. Elles ſont encores chaudes en leurs effects, à cauſe des matieres qu'elles contiennent, emportées quant & ſoy de noſtre pierre argilleuſe : Mais celles qui ſont froides actuellement comme cuittes par leſdites fumées, & participans les meſmes matieres, & les eſprits deſdites fumées, ſont neant-

G

moins virtuellement chaudes , & partant peu
differentes quant aux effects de chaleur : car la
chaleur actuelle des vnes, auant qu'elles paſſent
plus loing que la bouche, œſophague & ventricule eſt remiſe au degré de chaleur conuena-
ble, & familier audit ventricule, comme la froide actuellement par leſdites parties eſt reſ-
chauffée preſque iuſques au meſme degré con-
uenable , & familier audit ventricule, auant
qu'elle deſcende plus bas : De ſorte que ſon
froid actuel n'eſt capable de rafraiſchir autre
viſcere que ledit ventricule , non plus que la
chaleur des autres de reſchauffer les autres viſceres , comme le foye poſé ſur ledit ventricule,
remply deſdites eaux , ſi ce n'eſt que le foye ou
autre viſcere voiſin ſoit de temperamét chaud,
auquel cas les froides meſmes ſont contraires.
Mais ſi la chaleur des viſceres procede des obſtructions, auſſi bien les chaudes que les froides,
voire plus facilement deſtremperont, laueront,
& emmeneront quant & ſoy les humeurs, &
matieres craſſes, terreſtres, & viſqueuſes, qui
cauſent telles opilations, puiſque leur chaleur
n'eſt excedente, qu'elles n'ont aucun empyreume, & que les vnes & les autres ſont cuittes , & contiennent des eſprits, & des matieres
de noſtre argille, en vertu deſquelles elles peuuent exciter de la chaleur. Il n'y a donc que le

feul ventricule, lequel puiffe notablement eftre rafraifchy par les eaux minerales actuellement froides, lequel neantmoins comme membraneux eft offenfé, & affoibly par le froid actuel de ces eaux, & fon action principale aydée par la chaleur actuelle des chaudes, (comme l'experience me l'a fait voir fouuentesfois) & partant les eaux chaudes minerales font preferables aux froides, en toutes maladies qui requierent l'vfage de ces eaux.

DE QVELLE SOVRCE ON DOIT *boire des chaudes.*

CHAPITRE XXVI.

L'EXPERIENCE monftre tous les iours, comme les eaux de là fontaine quarrée, fur la contrefcarpe du foffé de la ville de Vichy, paffent plus facilement que celles du boüillon des bains. Mais la raifon fait cognoiftre, combien les premieres doiuent paffer plus legerement, & beaucoup moins preiudicier à ceux qui en vfent: Car celles des bains trainent quant & foy tant de matieres groffieres, lefquelles fe petrifient continuellement contre les paroits, bords de leur puits, & le long, & dans leurs déchargeoirs ; que ſi pluſieurs fois l'année on n'en rompoit la pierre , leurs canaux (quoy que bien ouuerts) ſe rempliroient , & feroit difficile les vuider & nettoyer : Mais la fontaine quarrée n'engendre que ſi peu de pierre , qu'en cinquante ans elle n'en auroit tant fait, que les bains en ſix mois , ainſi qu'il ſe voit en ſon baſſin, & deſchargeoir de ſon eau. Ce que conſideré, i'eſtime que iudicieuſement vn chacun ſe portera à l'vſage de l'eau de ladite fontaine quarrée, pluſtoſt que de celle des bains : Car puiſque toutes les eaux minerales au boire ordinaire engendrent la pierre dans les reins , ſans doute l'vſage de celles qui la font plus abondamment, comme ſont celles deſdits bains , ne peut qu'il ne ſoit plus preiudiciable à telle diſpoſition des reins , mais encores plus aux viſceres ſubiects aux opilations , & ſcirrhes, leſquels comme filtres, & couloirs, demeurent chargez, & empeſchez des matieres groſſieres , les plus ſubtiles eſtans paſſées.

QV'ON PEVT MESLER LES EAVX
chaudes auec les froides.

CHAPITRE XXVII.

PVISQVE quant aux effects, ces eaux minerales actuellement chaudes, ou froides
font femblables, & que la principale difference de leur vfage confifte feulement en la conferuation du ventricule, lequel comme membraneux & nerueux a plus de facilité aux chaudes, qu'il n'a pas aux froides ; il me femble que
toutes ieunes perfonnes, qui ont leur chaleur
naturelle forte, peuuent fans difficulté boire
partie des vnes, & partie des autres en mefmes,
ou diuers iours : Car comme le ventricule par-
fait fa coction, par l'ayde des vifceres circonuoi-
fins, fi le foye & la rate font bien difpofez,
quant à leur temperament, leur chaleur en-
femble celle que le ventricule reçoit du fang
contenu en la caue, & l'aorte, font fuffifantes à
conferuer la fienne propre, & la defendre de la
qualité actuelle des froides,& par ainfi ceux qui
defirent ce meflange, le peuuent practiquer,
fans aucune difficulté.

DV TEMPS DE BOIRE
les eaux.

CHAPITRE XXVIII.

LA difpofition de l'air chaude, feiche, & fe-
rene rend les eaux plus vtiles, tant de leur
part, que de celle des corps : Car n'eftans alterées, ny accruditées d'aucun meflange des eaux
du Ciel, ny du froid de la terre, elles font plus
legeres, plus cuittes, & obeïffent mieux, &
plus promptement aux facultez, lefquelles auffi
de leur part font plus fortes, & s'exercent plus
parfaitement lors que l'air eft doüé de telles
qualitez : En effect, comme nos corps fuiuent
fa difpofition, au fubiet qu'il fournit la plus fubtile matiere pour la generation des efprits prin-
cipaux organes pour les fonctions du corps, non
feulement par la refpiration, mais encores par la
tranfpiration, il les nourrit, & entretient. Comme nous voyons qu'aux lieux aufquels l'air eft
plus pur, & plus fubtil, ordinairement les perfonnes font plus faines, & exercent plus fortement toutes les fonctions qui dépendent de la
faculté naturelle, par le feul moyen & operation de laquelle ces eaux paffent par nos corps.

De façon que, l'Esté, & l'Automne seront plus
propres que les autres saisons, pourueu qu'elles
ne soyent peruerties de leur naturelle constitu-
tution, auquel cas on les peut, & doit intermettre, si les maladies le permettent, iusques
à ce qu'elles soient remises en leur belle consti-
tution, & pareillement, si pendant l'vsage de ces
eaux, l'air se trouble, & rend quelques iours
pluuieux, & froids; dautant que, durant ceste
inconstance, elles ne passent facilement, on les
doit intermettre pour vn iour, voire deux, plustost que de les boire, & ne les rendre pas.

EN QVEL LIEV ON LES
doit boire.

CHAPITRE XXIX.

PLVSIEVRS raisons obligent les infirmes
à se transporter sur les lieux où naissent ces
eaux, pour les boire auec plus de proffit de leur
santé : Car comme la pluspart sont affligez de
longues maladies, le changement d'habitation
pour quelques iours de beau temps en vn lieu
aggreable, comme Vichy, peut seul rapporter
souuentesfois quelque bon changement, autant
voire beaucoup plus vtile que la boisson desdi-

tes eaux, leſquelles auſſi bien que les cuittes, ſe remettent en leur premiere nature, ſi elles ſont tranſportées, & gardées, ſi elles approchent, ou ſéjournent en quelque lieu froid, ou ſi elles ont communication à l'air, au moyen dequoy elles s'éuaporent, & reſtent ſeulement les plus cruës, & groſſieres parties, qui ſont peſantes, & ſans effect. Ces eaux encore, de la part des corps infirmes, requierent la liberté, & tranquillité d'eſprit, laquelle ne peuuent auoir les malades en leurs maiſons, où d'ordinaire les affaires, & le traquas du meſnage les impatientent : & ſur les lieux, le diuertiſſement d'iceux par l'entretien des compaignies, leur permet l'vſage auec plus de proffit. Elles requierent auſſi le reueil de la chaleur naturelle, par le moyen de laquelle les fonctions du corps ſont exercées, & partant l'exercice qui ſe fait allant aux fontaines le matin auant que boire, eſt beaucoup fructueux pour faciliter leur décharge promptement.

QV'ON

QV'ON NE DOIT CHAVFFER
ces eaux minerales portées
au loing.

CHAPITRE XXX.

I'A y fouuent ouy dire, que certains malades
voulans vfer des eaux minerales apportées de
loing, les faifoient chauffer, efperans augmenter, ou remettre leurs vertus. Mais i'ay toufiours
reprouué cela, dautant que mifes fur le feu, les
parties plus attenuées & fubtiles, au moyen defquelles ces eaux font leurs effects, s'éuaporent,
& ne reftent que les groffieres, & terreftres. Car
bien que ces eaux actuellement chaudes, foient
plus faciles au ventricule qui les reçoit, que les
froides; fi ne faut-il efperer que la chaleur d'vn
bain marie les puiffe remettre en la qualité &
tenuité, qu'elles auoient acquifes dans les lieux
foufterreins; dautant que pour lors eftant en-
clófes fous ces lieux, rien ne pouuoit s'exhaler
de leur fubftance: mais expofées à l'air, le plus
fubtil s'éuapore, & ne reftent que les parties
plus groffieres. Auffi ces eaux font fi parfaitement & fubtilement cuittes, que fi les bouteilles dans lefquelles on les tranfporte, ne font

H

bien bouchées, leur vertu ſe perd auec les parties rarefiées, & les parties ſuperieures deſdites bouteilles, comme plus ſubtiles, participent
peu de leur vertu; mais celles qui ſont au fonds,
n'en retiennent preſque rien.

A QVELLE HEVRE ON
doit boire.

CHAPITRE XXXI.

IL n'y a temps plus commode à boire ces
eaux minerales, que la matinée, pour autant
que la nuict precedente, durant le ſommeil, la
faculté naturelle a cuit à perfection, diſtribué
entierement, & nourry ſuffiſamment toutes les
parties, en ſorte, qu'apres le réueil, la pluſpart
des excremens ſont appreſtez à l'éuacuation,
& tout le corps conſecutiuement rendu libre,
& diſpoſé pour icelles. Et comme deſpuis l'aurore, iuſques au Soleil leué, la fraiſcheur de la
terre conſtipe les pores, & les vapeurs craſſes,
qui s'éleuent, nuiſent aux eſprits; ſans doute,
le Soleil s'eſtant éleué deſſus noſtre horiſon, ces
accidens ſont diſſipez, & les corps mieux faicts,
& diſpoſez à l'exercice de toutes leurs fonctions. Et c'eſt l'heure que les malades excitez,

& illuminez de ce bel aſtre viuifiant, doiuent auec allegreſſe, ſous l'eſperance de recouurer leur ſanté, commencer à boire courageuſement ſans s'arreſter au gouſt : ains ſe confians au conſeil de leurs Medecins, les doiuent boire comme liqueurs plus aggreables, autrement leur eſtomach les refuſeroit ; & ainſi les parties qui ont beſoin de leur viſite, en reſteroient priuées, & trauaillées de leur mal.

COMMENT IL FAVT
boire.

CHAPITRE XXXII.

LE s malades ayans fait mediocre exercice à la pourmenade, ſelon leur poſſible, munis d'vn verre, ou autre vaiſſeau propre, & de pareille capacité à celuy duquel ils ſe ſeruent en leurs repas ordinaires, & venus à la fontaine de laquelle ils ſont conſeillez de boire, puiſeront dans le boüillon d'icelle leur verre, & ſans aucune retardation, ny repugnance, boiront à l'aiſe ce premier verre, lequel en meſme temps, ou peu d'interualle, ils reïtereront d'vn ſecond ou troiſieſme, (ſi tant eſt qu'ils y ayent de la facilité) & apres mettront en leur bouche vn peu

H ij

d'anis, fenoüil, canélle, efcorce de citron, ou femblables aromatiques, & roboratifs propres à leur eftomach, ou autres parties incommodées, puis fe pourmeneront vn peu, afin de bailler temps au ventricule de les defcharger, & ce faict, en reuiendront prendre deux, ou trois autres, en mefme façon, & ainfi continuëront à mefmes interualles de temps lefdits verres en prenant plus ou moins à la fois, felon la facilité, & tolerance de leurs ventricules, iufques à la quantité qui leur eft neceffaire ; puis ayans paracheué de boire pour ce iour là, continuëront en lieux propres leurs pourmenades fans violence, de peur de les rendre par l'habitude, pluftoft que par les vrines. Mais ils remarqueront de leur poffible, fi par le ventre, & les vrines, ils les rendent entierement, fi bien que leurs corps n'en reftent incommodez.

LA QVANTITE' QV'IL faut boire.

CHAPITRE XXXIII.

TOvtes les fonctions de la faculté naturelle font executées par fes miniftrantes, qui font l'attractrice, retentrice, coctrice, & expultrice selon la bonne difpofition des organes, & parties du corps. Mais entre ces quatre, la premiere, & la derniere font feules employées vtilement en l'vfage de ces eaux, fi bien que tout ainfi que la premiere les attire de partie en partie, de mefme, c'eft à la derniere à les euacuer. Et comme l'indigence continuelle des parties oblige celle-là à les attirer, faute de meilleur fuc, celle-cy eft inuitée à les expulfer, comme inutiles, par l'acrimonie, tenfion, ou pefanteur des mefmes eaux ; en forte que fi elles font tirées, & reiettées facilement, & fans féjour : elles font renduës fur la fin prefque en mefme couleur, & confiftence qu'on les a beuës. Ce qui doit contenter, & fatisfaire ceux qui les boiuent, fans aller à quantité plus grande, de peur de violenter la bonne difpofition de ces facultez, & alterer la fanté des parties. Mais à ceux qui ont des indifpofitions inueterées en leurs vifceres, au fubiet de la foibleffe de leur expultrice, lors que l'acrimonie de ces eaux n'eft fuffifante pour l'irriter, la tenfion & pefanteur par la quantité de ces eaux neceffite quelquefois l'expulfiue à faire fon effort, & les vuider, & pour lors, fi ce font ieunes perfonnes qui par la furcharge d'vne grande quantité, ayent opiniaftré l'vfage quelques iours, enfin font defchargez, & vuidez fi abondamment,

H iij

qu'apres ce , non feulement ils les rendent
mieux , mais encores ils font defpefchez des
groffieres humeurs, lefquelles opiloient leurs
vifceres, & en retardoient les fonctions : & à
ceux-cy, il eft impoffible de prefcrire certainement la quantité qui leur eft neceffaire. De
façon qu'ils s'en doiuent rapporter à leurs Medecins, lefquels felon les qualitez de leurs maux
& la tolerance de leurs ventricules, & autres vifceres, iugeront, & confeilleront la quantité
qu'ils cognoiftront eftre neceffaire, C'eft donc
fuperflu, & preiudiciable à ceux qui rendent
douze verres auec facilité, en forte que les derniers fortent feuls, clairs, & fans méflange d'excremens, d'en boire vingt, vingt-cinq, ou cinquante, (ce que i'ay veu) ainfi qu'il eft expe-
dient à perfonnes ieunes , courageufes, & lefquelles n'y ont aucune difficulté de la part de
leur ventricule, d'en boire vingt, voire trenté
verres, afin d'irriter par telle quantité leur expulfiue affoiblie des obftructions inueterées,
autrement ils n'en receuroient aucun foula-
gement.

COMBIEN DE IOVRS ON
doit boire.

CHAPITRE XXXIV.

LEs maladies, & la difficulté de rendre ces eaux minerales, feruent de regle à mesurer les iours qu'on s'en doit feruir. Car à ceux qui les rendent à l'abord, & qui ont leurs maladies dans le ventricule, intestins, vreteres & vescie, qui sont parties d'ample cauité, & capacité, au trauers lesquelles ces eaux passent en quantité, sept ou huict iours souuent sont suffisans à les nettoyer des humeurs crasses, terrestres, & visqueuses qui les affligent, sans en vser plus longtemps, de crainte de les indisposer autrement. De façon que si les malades remarquent qu'ils les ayent renduës trois ou quatre iours durans, toutes claires, comme ils les ont beuës, sans aucun meslange d'excremens en leurs dernieres vacuations, ils se peuuent asseurer d'auoir suffisamment laué leurs parties pour ce temps-là, & les peuuent quitter. Mais ceux qui ont des grandes & difficiles opilations, ou qui rendent mal les eaux, ont besoin d'en vser, non seulement plusieurs iours, mais plusieurs semaines :

afin que les continuans ils deſtachent auec le
temps les humeurs infiltrées aux viſceres, &
remettent en bon eſtat leur temperament al-
teré.

DE QVELS REMEDES ON SE
peut ſeruir à faire chemin aux eaux, quand elles ne vuident pas

CHAPITRE XXXV.

CEvx qui boiuent les eaux minerales ſe-
roient mal ſenſez de les vouloir rendre par
l'habitude, veu que cela reſoudroit, & diſſipe-
roit leurs forces, & leurs eſprits, & ſeroit inutile
pour l'euacuation des matieres groſſieres amaſ-
ſées au ventre inferieur, qui cauſent les maladies, auſquelles ſeulement elles ſont proffita-
bles. Il faut donc les rendre par conduits plus
amples, plus ouuerts, & propres à l'euacuation
de telles matieres, qui ſont deux ſeulement,
ſçauoir, le ventre, & la veſſie : ce que ne ſuc-
cedant à propos, & ſuiuant l'ordre de nature
bien conſtituée, & bien operante, par l'ayde de
quelques remedes faciles, & benings, donner
le cours à ces eaux par les vrines, ou par le ventre, afin de les employer plus vtilement aux maladies.

ladies. Si doncques il eſt neceſſaire qu'elles
vuident par les vrines ; les Medecins ayans déja fait chemin par les purgatifs, & diuretiques
auant l'vſage, pourront en l'vſage d'icelles les
ayder auec deux ou trois onces d'huile d'aman-
dres douces tirées ſans feu, & vne dragme de
ſuccre candit en poudre meſlée enſemble, ou
bien qui eſt plus facile, meſleront vne dragme
de cryſtal de tartre blanc, miſe en poudre dans
vn mortier de marbre, ou de bois, auec les premiers verres qu'ils boiront deſdites eaux, ou mé-
me dans vn verre de vin blanc. Mais s'il eſt plus
vtile qu'elles coulent par le ventre, vne dragme
de bon mechoacam, ou de jalap en poudre, prin-
ſe de meſme façon dans les premiers verres, eſt
ſuffiſante ; ſans trauailler le ventricule par aucun
remede chymique, tel qu'eſt le cryſtal mineral,
lequel veritablement par ſes preparations ac-
quiert vne grande tenuité des parties, pour ſeruir de vehicule, & paſſer ſubtilement par les vrines ; mais comme c'eſt par la force, tant du ſoulfre que du feu, auſſi contient-il de l'ignition, &
empyreume, lequel inſenſiblement reſchauffe,
& altere les parties qui le reçoiuent.

I

DES ACCIDENS QVI SVRVIENNENT
en l'vsage de ces eaux.

CHAPITRE XXXVI.

LEs accidens qui suruiennent en l'vsage de ces eaux, viennent en mesme temps qu'on les boit, ou apres auoir acheué de les boire. Car certains malades estiment beaucoup auancer, s'ils en boiuent cinq ou six verres à la suitte l'vn de l'autre ; mais la quantité excessiue prinse trop à coup, estendant outre son ordinaire, le ventricule, qui les reçoit, le contraint par telle distension desmesurée, de se renuerser pour s'en descharger par la bouche plus promptement. Ce que toutefois on peut éuiter, si on les boit en moindre quantité, & qu'on ne recharge le ventricule, auant qu'il aye deschargé par son pylore ce qu'il a déja receu. Que si le vomissement procede, non de telle quantité, ains de la détrempe & detersion des humeurs corrompuës, qu'il contenoit contre nature, il peut estre vtile, veu que l'éuacuation en est plus prompte, que par la suite de tous les intestins ; & ce vomissement n'arriue plus les iours suiuans. Mais si tel vomissement suruient apres auoir acheué

de boire les premiers iours, c'eſt que les eaux ne
ſont diſtribuées, ny attirées des autres parties
debilitées en leurs facultez, à cauſe des opilations; & partant faut auoir recours à autres remedes, & les quitter entierement : ou bien en
boire fort peu chacun iour, pour continuer long
temps, affin que les parties non ſurchargées
s'accouſtument à tel vſage peu à peu auec profit. Que ſi neantmoins les obſtructions des viſceres ſont inueterées, & difficiles, & la foibleſſe
de leurs facultez en tel eſtat, que ces eaux ne
ſoient renduës que bien peu, ou du tout rien :
apres auoir beu les premiers iours, ſuruiennent
douleurs d'eſtomach, parce qu'il demeure em-
peſché, & affoibly ; coliques aux inteſtins par
meſmes raiſons; fiévres par la putrefaction d'i-
celles; aſſoupiſſemens, & vertiges, dautant que
le cerueau eſt remply de leurs vapeurs, & ainſi
refroidy ; gouttes, grampes par le refroidiſſe-
ment conſecutif des nerfs; enfleure vniuerſelle,
l'habitude remplie ſans force ſuffiſante à la décharge, à cauſe de l'oppreſſion de la chaleur naturelle, & finalement laſſitude par la meſme oppreſſion : & pour lors les pauures malades ſont
contraints les abandonner, & s'en retourner
plus malades que deuant.

REGIME GENERAL EN
l'vsage des eaux minerales.

CHAPITRE XXXVII.

POvr receuoir le proffit de ces eaux, le bon regime est autant necessaire qu'en tous autres remedes. Mais comme elles sont vtiles à diuerses maladies, & personnes de diuers âges, sexes, & temperamens, on ne sçauroit exactement, & particulierement prescrire façon de viure pour tous; mais generalement on y peut obseruer ces preceptes : Premierement, on doit éuiter le séiour au Soleil, & au vent, la grande chaleur, & le grand froid, les pluyes, & broüillards, & le serein : principalement ceux qui sont delicats, & foibles de leur cerueau. Faut vser de viandes de bon suc, faciles à cuire, & digerer, plustost rosties que boüillies ; & éuiter toutes viandes grossieres, & visqueuses de difficile digestion, & qui engendrent cruditez : & pour le boire ordinaire, de vin blanc bien clair à ceux qui ont opilations, ou nephritiques, mais clairet, ou plus couuert à ceux qui ont leurs maux au ventricule, ou intestins. Il suffit de disner & souper sans faire colation entre deux, afin

que la digeſtion ſoit parfaitement faite: ou ſi là
neceſſité de l'appetit, ou de quelque compaignie
contraint, de manger vn biſcuit pour boire vne
fois ſeulement : Mais il eſt à propos de ne diſner
que trois ou quatre heures apres auoir acheué
ſa boiſſon, pluſtoſt à ceux qui les ont bien renduës, & plus tard aux autres: & parce que le ventricule, & les inteſtins ſont fameliques, ayans
eſté lauez par ces eaux, pour les fortifier, & remettre en bon eſtat, il eſt neceſſaire de commencer, ou deuaucer vn peu le diſner, par quelque bon boüillon, ou conſommé. Le ſouper ſera fait auec ſobrieté ſur les ſix heures du ſoir :
Apres auoir beu, on fera exercice à la pourmenade ſans violenter le corps, iuſques à chaleur ,
de peur de diuertir la deſcharge ordinaire de ces
eaux, & moins encore iuſques à la ſueur, laquelle non ſeulement diuertiroit leur cours, mais
pourroit engager en l'habitude quelques groſſieres humeurs, les plus ſubtiles s'eſtans éuapo-
rées. Mais la digeſtion du diſner eſtant faite , &
celle du ſouper, toute la nuict on ſe peut exer-
cer auec plus de liberté, tant ſur les trois & quatre heures du ſoir auant ſouper, que ſur les cinq
heures du matin auant que commencer à boire.
Tous autres exercices de corps violens , & ceux
meſme de l'eſprit, ſont touſiours preiudiciables.
Le ſommeil eſt touſiours naturel & bon, durant

la nuict, mais tout le long du iour fort dangereux, à cause de la refuitte, tant de la chaleur naturelle, que du sang, lesquels meslez auec ces
eaux non renduës, les montent au cerueau,
auquel elles causent diuers accidens faścheux.

Affin que les voyes soient libres à ces eaux, le
ventre sur tout doit estre destrempé, ou pour le
moins de celle facilité, que sans peine il soit deschargé les matins au plus tard, auant la boisson;
autrement les lauemens selon les indispositions
deuant le souper ou quatre heures apres, sont
necessaires : & semblablement tous autres excremens seront deschargez, soit par les vrines,
soit par la bouche, & les naseaux : affin de rendre les corps entierement perspirables, & libres
à ce remede.

Entre les six choses non-naturelles, qui sont
du regime, la tranquillité des passions de l'ame
est la plus requise pour l'exercice, & le maintien
des fonctions du corps, pendant l'vsage de tous
remedes, & principalement de ces eaux. C'est
pourquoy toutes affaires d'importance, & les
ieux, qui trauaillent le corps & l'esprit auec pas-
sion démesurée, sont preiudiciables. La crainte, & la tristesse par la refuite suffoquent les esprits, & laissent les membres foibles : la colere,
& l'amour par la continuelle agitation les dissi-
pent, & troublent la raison : la seule joye, &

allegreſſe mediocres, recreans les eſprits, entre-
tiennent le corps en liberté, & force pour l'exercice de ſes fonctions.

QVE LA PVRGATION EST
neceſſaire apres l'vſage de
ces eaux.

CHAPITRE XXXVIII.

TOVT ainſi que deuant que commencer à
boire des eaux minerales, il eſt ſouuent neceſſaire de preparer les corps, tant par medica-
ments inciſifs & aperitifs, que par purgatifs : afin
de leur faire chemin, & les boire auec proffit,
principalement ſi les viſceres ſont opiles; il eſt
abſolument neceſſaire les quittant, vſer de mémes purgatifs, leſquels ſpecialement dirigent
leurs actions à l'expedition des parties, par leſquelles plus particulierement elles ont eu leur
cours. Et ne ſuffit pas de deſcharger ſimple-
ment les ſeroſitez aqueuſes par hydragoges: car
comme elles contiennent en ſoy beaucoup de
matieres craſſes, & terreſtres, leſquels paſſans à
trauers les viſceres, s'y attachent, & les diſpoſent mal; il faut neceſſairement deſcharger ces
matieres deſdits viſceres les plus foibles par pur-

gations à ce propres & conuenables. Et ceux-là
ſe trompent, leſquels ayans à perfection (ſi leur
ſemble) rendu par deuant & par derriere les
eaux qu'ils ont beuës, negligent ces purgations :
dautant que nous voyons par experience, que
ſi ſemblables perſonnes les quittans ſe purgent
par leurs purgatifs ordinaires, ils ſont deſchargez
de quantité d'aquoſitez, & éuacuez ſans agitation au double de leur ordinaire.

QVE LES EAVX DE VICHY
ne cedent rien aux autres de toute
la France.

CHAPITRE XXXIX.

LE premier effect des eaux minerales, & duquel tous leurs bien-faicts dépendent, ne
conſiſte pas en la qualité des mineraux, comme
a ſouuent eſté dit, mais bien en leur facilité à
deſcendre, & paſſer promptement par le ventre, & eſtre tirées, & renduës par les vrines ; en
quoy celles de Vichy ſont excellentes ; auſſi
déja ne demande-on plus de quels mineraux
participent ces eaux, ains ſeulement, ſi elles paſſent, & ſe rendent facilement par nos corps. Et
par effect, l'experience nous fait voir tous les
iours

iours que ceux qui ont beu des eaux minerales
en diuers lieux de la France, les années prece-
dentes, estans venus boire de celles de Vichy,
les ont experimentées; I'oseray dire plus faciles à passer, mais le lieu plus commode, & aggreable de tous ceux qu'ils ont frequentez, &
s'en sont retirez fort satisfaits, & resolus de ne
plus recourir à autres eaux: Aussi la commodité
tant du lieu, & le doux naturel des habitans, que
la diuersité des sources, concourans auec la le-
gereté de ces eaux à passer par nos corps, sont
trop plus suffisans à iustifier de leur vtilité, &
leur donner des preferences à toutes les autres.

POVR QVOY GALIEN NE S'EST
seruy des eaux minerales.

CHAPITRE XL.

IE souhaitterois, si c'estoit la volonté, & pour
l'honneur & gloire de Dieu, que Galien ne
fust tourmenté où il est, tandis que ie le veux
dire Prince, & principe de toute la Medecine,
a tel tiltre que par ses seuls escrits elle subsiste,
& a esté facilitée à vn chacun, & sans iceux fust
demeurée comme incogneuë, & enseuelie
dans la confusion; aussi ne s'estoit-il attaché à

la demeure de son païs, ains libre de biens de
fortune, & cupide de ceux de l'esprit, il auoit
recerché dans les terres estrangeres la science,
& la cognoissance des remedes particuliers;
par sa parfaite intelligence de la composition
du corps humain il discernoit infailliblement la
lesion, & desordre, que les maladies causent à
leurs fonctions, & finalement par la subtilité
de son entendement, aydé de ses sens exterieurs, & d'vne asseurée experience, il appli-
quoit les remedes au degré de contrarieté re-
quis à la curation de toutes maladies : & ainsi
fondé en raison, affermie de sa grande experience, par remedes faciles, familiers, & moins
alterans, promptement, asseurément, & alle-
grement il deliuroit les corps de leurs maladies,
si d'elles mesmes par remedes naturels elles
estoient susceptibles de curation:sans auoir recours au long, fortuit, & ennuyeux vsage de
ces eaux minerales, desquelles ordinairement
(aussi hors de raison employées, que plusieurs
autres precedens remedes) les pauures malades
reuiennent mal satisfaits, ou le plus souuent,
disposez à la mort pour le lendemain.

DE QVEL REMEDE ON SE PEVT
seruir au lieu des eaux
minerales.

CHAPITRE XLI.

CEvx, lesquels consideront attentiue-
ment les maladies, qui reçoiuent quelque
bon changement par l'vsage de ces eaux minerales, remarqueront veritablement qu'elles sont
toutes causées de matieres froides, & grossieres,
desquelles par la foiblesse de leurs expulsiues,
les parties demeurans empeschées, & opilées,
elles cessent de faire deuëment leurs fonctions,
oubien les font si mal, que le corps est acca-
blé de mille & mille infirmitez, en quoy est à
remarquer, que pour paruenir à la parfaite curation, non seulement il faut destacher & vuider les matieres grossieres, & froides, mais encore il faut remettre le bon & naturel temperament des parties affoiblies, affin qu'elles exercent plus fortement leur expultrice, & ne reci-
diuent à leurs maux ; & c'est en cecy principalement que les eaux minerales défaillent: car
tant s'en faut qu'elles fortifient les facultez naturelles, qu'au contraire elles les trauaillent , &

K ij

affoibliſſent,& ſouuent meſme ne deſpeſchent
les parties, de façon que ceux qui ont com-
mencé vne année l'vſage d'icelles, ſont contraints tous les ans y retourner, autrement leurs
maux reuiennent pires.

Or le theriaque tres-aſſeurément & infailliblement ne manque plus à remettre ce temperament des parties, & les fortifier en l'exercice de leurs fonctions, qu'à inciſer, artenuer,
reſoudre, ou conſommer toutes ces matieres
groſſieres, & qui plus eſt, par telle corrobora-
tion deſdites facultez il opere tant de merueil-
les en la contrarieté de ſes effects, que ſi autre
que Galien, & l'experience ne le certifioient,
la pluſpart ſeroit tenu pour impoſſible.

Mais parce que pluſieurs ont en haine & hor-
reur ce fameux antidote, deſpuis tant de ſiecles
approuué, & iadis par certains Empereurs Ro-
mains (aſſiſtez d'excollens Medecins) iournellement vſité, il eſt mallaiſé contre leur opinion
erronée, les faire entrer en l'experience. Et partant me ſuffira pour le preſent l'authorité de Galien au liure qu'il a eſcrit du Theriaque à Piſon,
chapitre quinzieſme, où il rapporte ſes proprietez en ces termes.

LES VERTVS DV THERIAQVE
selon Galien.

CHAPITRE XLII.

ANDROMACHE appelloit le Theriaque Galene, c'eſt à dire, tranquille, dautant qu'il conſerue le corps en tranquilité de ſanté.

Il guarit les douleurs de teſte inueterées, les vertiges, les ſurditez, & les debilitez de veuë.

Interdum genitale membrum flacceſcens, atque vietum attollit.

Il appaiſe les delires des furieux, ſede les troubles d'eſprit, & diſſipe les penſées faſcheuſes, excitant le ſommeil.

Il reſiſte fortement aux attaques de l'epilepſie, conſommant l'humidité ſuperfluë, & fermant l'entrée aux vents.

Il ayde aux difficultez de reſpiration, quand le phlegme craſſe en eſt la cauſe, car il le ſeiche & facilite le crachat, attenuant ſa groſſeſſe, & inciſant ſa viſcoſité.

Il proffite grandement aux hæmoptoiques, beu auec la decoction de ſymphyton.

Il guarit toutes les affections du ventricule, & remet l'appetit.

Il diſſipe entierement l'humeur acre & mor-
dicant, lequel attaché à l'eſtomach, cauſe la
faim canine.

Il deliure auſſi de la faim inſatiable que les
vers excitent, retenus aux inteſtins, car il
les tuë.

Il iette dehors merueilleuſement le ver large, qui deuore tout l'aliment, & affame le corps.

Il deliure le foye, & la rate de leurs obſtructions, les ouurant.

Il guarit la iauniſſe par vice du foye, car il trie
la bile d'auec le ſang, & la renuoye à ſa veſcie,
& inteſtins.

Il ramollit la rate endurcie, conſommant
peu à peu ſes ſuperfluitez.

Il rompt la pierre dans les reins, & les nettoye
de toutes matieres groſſieres, & terreſtres.

Il facilite la difficulté d'vrine, & guarit les
vlceres de la veſcie.

Il fortifie la concoctrice du ventricule, le réchauffant, & roborant.

Il ayde aux exulcerations des inteſtins, flux
de ventre, *miſerere mei*, coliques ſans inflam-
mation, conſommant les humeurs acres, & diſ-
ſipant les vents.

Il ſuruient aux paſſions choleriques, incraſ-
ſant les humeurs, & les arreſtant.

Il eſt merueilleux aux cardialgies, arreſtant

les fueurs diaphoretiques, & corroborant la faculté debile.

Il prouoque les menftruës, & hæmorrhoides retenus, & qui eft plus merueilleux, les arrefte s'ils font immoderez : Car fa vertu eft fi merueilleufe, qu'attenuant les humeurs il les fait fluer, & roborant la retentrice, arrefte leur cours immoderé.

Il guarit les douleurs & fluxions articulaires, qui font en leur eftat, apres auoir mitigé les douleurs par topiques, car il confomme ce qui a flué, & diuertit la fluxion.

Sur tout, il proffite extrémement aux perfonnes faines, qui en vfent fouuent : car il confomme toutes fuperfluitez, & remet le temperament de tout le corps: Car tous les anodins, que tous les goutteux boiuent, peuuent diuertir; mais ne confommans les humeurs fuperfluës, elles vont fouuent à la poictrine, attirées du poulmon par fon mouuement, & rare fubftance, & fuffoquent les malades, comme ie l'ay experimenté en plufieurs. C'eft pourquoy ie fupplie tous malades de ne iamais vfer de ces remedes, ains du Theriaque, lequel confomme les fuperfluës humeurs, & empefche d'en amaffer d'autres : de façon que plufieurs fe font liberez entierement de la goutte, s'en eftans feruis dés les premieres attaques.

Il eſt merueilleux aux hydropiques, conſommant les humeurs, & r'allumant leur chaleur naturelle, principalement aux anaſarques, s'inſinuant par tout le corps, & exprimant les mauuaiſes humeurs : C'eſt pourquoy il eſt ſouuerain à la cachexie, car il change en mieux la mauuaiſe habitude, éuapore les humeurs ſuperfluës, & rend nature prompte à ſes actions.

Souuent il a guary des elephantiques, arreſtant la fluxion, & empeſchant qu'elle ne corrompe le ſang : car l'humeur corrompu en quantité, & porté parmy l'habitude, vitie, & perd le temperament de tout le corps.

Il guarit les retiremens & extenſions des nerfs, les réchauffant, & rélachant.

Les paralyſies, excitant la chaleur naturelle, faiſant chemin aux eſprits, & par ainſi reſtituant leur mouuement aux parties.

Mais que chacun croye ce qu'il luy plaira de tout cecy, car c'eſt choſe bien plus merueilleuſe.

Le Theriaque guarit les paſſions de l'ame, comme quand la grande faſcherie procede de melancholie, il ſucce l'atre bile de la rate, & de tout le corps, ainſi qu'il ſucce les venins des morſures des ſerpens.

Il guarit les fiévres quartes (s'il y a concoction à l'humeur :) car faiſant vomir au malade ſon ſoupper, & luy faiſant boire le lendemain du ſuc
d'Abſynthe

d'Abſynthe Romain , pour contemperer & adoucir l'atre bile : finalement, deux heures deuant l'accez i'ay baillé de cét antidote , & ainſi auec admiration de tous , i'en ſuis venu à bout celuy qui auoit pris du Theriaque demeurant exempt de fiévre.

Voila mot à mot, ce que Galien dit du Theriaque en ce Chapitre, outre pluſieurs autres belles vertus , qu'il luy attribuë parmy tous ſes eſcrits. Et ce que ce grand Andromache, en ſon Poëme le tient nonpareil contre grand nombre de maladies , & ſingulier contre tous venins, tant des vegetaux que ſenſitifs.

DESCRIPTION DES BAINS
de Vichy.

CHAPITRE XLIII.

A La portée d'vne mouſquetade de la ville de Vichy, tirant au Septentrion, païs plain, ſablonneux, ſec, & déſcouuert , y a deux belles, & abondantes ſources d'eaux chaudes, de diſtance l'vne de l'autre de quarante pas ; & quoy qu'elles viennent d'vn meſme lieu ſouſterrein ; l'vne neantmoins de temps immemorial du coſté du leuant, a eſté contenuë dans vn

L

puits rond , éleué fur terre de l'hauteur d'vn
pied, large de quatre pieds dans œuure, ayant
vne pierre plate large , & perfée affez eftroite-
ment par le fonds, quatre pieds de profond , &
rend fon eau de la groffeur du bras. L'autre, de
tout temps , comme vn petit lac de vingt ou
trente pieds de diametre , boüillonnant en diuers lieux, notamment à fleur de terre , du cofté du baftiment Royal , partie Occidentale,
profond à l'endroit de fon plus grand boüillon
de plus de cinquante pieds, obliquement foubs
ledit baftiment,iette fon eau de la groffeur d'v-
ne cuiffe. Entre ces deux fontaines , le Roy a
fait conftruire vn petit logis , tourné au Midy,
contenant deux chambres quarrées de plain
pied , pour la commodité des malades , entre
lefquelles font deux galeries d'vne toife de largeur, auec portes par le milieu d'icelles , tant
pour aller de l'vne à l'autre , que pour entrer
aufdites chambres ; & defpuis lefdites portes,
iufques au bout defdites galeries , du cofté de
Bize, font deux baignoirs quarrez, profonds de
quatre pieds,ayans huiĉt degrez pour y defcen-
dre, au milieu,& dans lefquels baignoirs,d'hauteur de quatre pieds & demy , l'eau coule des
fontaines, portée par canaux, conduits par deffous le paué defdites chambres, qui fe vuide au
befoin par autres ouuertures , (qui font au

fonds) dans vn autre bain defcouuert, qui eſt derriere le logis, pour la commodité des pau-ures; d'où finalement par vn autre canal elles ſont defchargées contre la riuiere d'Alier. Au coſté du bain des patures eſt vn autre bain auſſi defcouuert, lequel par vn canal particulier re-çoit l'eau immediatement du puits, & ſe def-charge comme le precedent. Il y a auſſi cinq ou ſix maiſons particulieres autour de ces bains, dans leſquelles les habitans du lieu ont touſ-iours tenu des cuuettes, tentes, & autres cho-ſes neceſſaires pour baigner, & cornetter les malades. Mais s'il auoit plû à Dieu de nous don-ner la paix, les places circonuoiſines de ces bains ſont déja entrepriſes pour y conſtruire des beaux baſtimens plus propres, & parfaite-ment diſpoſez à receuoir, bien traicter, & ſoi-gneuſement baigner les malades.

Outre ces bains, qui ſont d'vne chaleur bon-ne & ſuffiſante pour les maladies ordinaires, ſur la douë du foſſé de Vichy, du coſté du Nord, ſe voit vne fontaine de quatre pieds en quarré, & profond, laquelle bien que d'vne chaleur plus temperée, ne cede rien en vertu aux autres plus chaudes, & ſera, ie m'aſſeure, plus proffitablement employée aux perſonnes foibles & delicates, & ſpecialement aux fem-mes, qui ont eſté mal meſnagées en leurs couches, lors que le Roy ou Meſſieurs de Vichy y auront baſty pour la commodité des malades. Cependant neantmoins c'eſt la plus vtile, & vſitée des fontaines du lieu pour les beuueurs.

A QVELLES MALADIES *ces Bains ſont bons, ou contraires.*

CHAPITRE XLIV.

IL n'y a perſonne qui conſiderant ces Bains, ne iuge d'abord, que leur effect premier eſt d'eſchauffer, & ſeicher, & ſequemment, que les maladies cauſées par le froid, & l'humide, ſont diſſipées par iceux; comme ſont douleurs ſciatiques, paralyſies, palpitations de cœur: les parties foibles en leur chaleur naturelle roborées, comme ſont membres meurtris de bleſſeures, rompeures, & diſlocations; & le ventricule debile en ſa concoction, aydé; les vlceres interieurs deſſeichez, & le cuir ſuperficiellement detergé. Mais auſſi il les cognoiſtra contraires aux maladies cauſées par l'intemperie chaude, & ſeiche du cerueau, du foye, & de tous autres viſceres, preiudiciables au cerueau naturellement debile; & entierement

contraires aux scirrhes, & durettes, tant inte-
rieures, qu'exterieures.

QV'IL FAVT ESTRE
vniuersellement purgé premier que de se baigner.

CHAPITRE XLV.

CES Bains desseichent par deux moyens:
sçauoir par leur qualité minerale consom-
mant les humiditez superfluës, & par leur chaleur actuelle les rarefiant, & ouurant l'habitude pour les exhaler par le cuir: De maniere
que les attirant du centre à la circonference, si
premierement la plethore, & cacochymie ne
sont deschargées par les remedes generaux,
conuenables aux maladies qu'elles fomentent,
sans doute ces bains dissipans les serositez pourroient infiltrer & engager les plus grossieres humeurs dans les parties ja empeschées, & rendre
leurs maladies pires. Oubien agitans les humeurs, & reschauffans les parties foibles, ils at-
tireroient nouuelles fluxions sur icelles, & leur
causeroient quelques nouueaux accidens.

L iij

DE L'HEVRE, TEMPS, METHODE,
& combien de fois on se doit baigner.

CHAPITRE XLVI.

LEs malades ayans esté deuëment purgez,
& preparez par l'aduis de leurs Medecins,
peuuent entrer dans le bain la matinée, despuis
l'aurore, iusques à sept heures du matin, si le
temps est beau, clair, & serein : Car le temps
froid & pluuieux n'est propre à se baigner. Et
affin qu'ils s'en seruent plus facilement, & vtilement, ils ne doiuent entrer dans le plus chaud
le premier iour, mais s'y habituer par l'entrée
du plus temperé, augmentant tous les iours la
chaleur, selon qu'ils la pourront supporter, iusques à sa totale & naturelle chaleur ; ils ne de-
meureront aussi plus de demie heure ou trois
quarts dans le bain les premiers iours : mais le
troisiesme iour, & suiuans, y patienteront vne
heure, voire y entreront pour le mesme temps
sur les quatre heures du soir, s'ils ont le coura-
ge, & que leurs forces permettent l'abstinence
iusques apres ce temps-là. Car il n'est à propos
de se baigner auant que la digestion, & distri-

bution soient faites en la premiere concoction,
& partant ainsi que le matin, auant desieuner,
on se doit baigner, aussi le soir on ne le doit faire que cinq heures apres le disner. De façon
que les malades se contenteront du disner &
souper, & sans necessité n'interrompront cét
ordre par aucune colation, s'ils se baignent deux
fois le iour. Et dautant que le long vsage d'i-
ceux dissipe les forces aux vns, & reschauffe les
visceres aux autres, ie conseillerois volontiers
aux malades de se contenter de sept, huict, ou
neuf bains au plus, faits bien à propos, les asseu-
rant que si apres ce, ils ne sont mieux, difficilement peuuent-ils esperer du contentement
par vn plus long vsage. Toutefois en cela ie
trouue bon qu'ils prennent & suiuent le conseil
de leurs Medecins amis.

QV'IL N'EST BON DE BOIRE *des eaux durant l'vsage des Bains, ny à l'entrée d'iceux.*

CHAPITRE XLVII.

LEs intentions de ceux qui se baignent dans
les Bains naturels sont de fortifier leurs
membres debiles, éuaporer par sueurs les hu-

meurs qui empeſchent leurs actions, & reſchauffer les parties nerueuſes refroidies. Car
pour les viſceres, comme ſont le cœur, foye,
reins, rate, & autres ; les Bains naturels ſont ſi
contraires, que les Medecins ſont contraints
leur appliquer des topiques rafraiſchiſſans, durant l'vſage, pour la conſeruation de ces parties.
Et partant il y a grande apparence que boire
de ces eaux chaudes minerales à l'entrée des
Bains, ou de celles des autres fontaines durant
l'vſage d'iceux, eſt beaucoup preiudiciable, tant
à cauſe de la chaleur qu'elles peuuent exciter
auſdits viſceres, que principalement parce
qu'elles troublent les facultez naturelles. Car
comme ces eaux par leſdites fonctions bien diſ-
poſées, ſont naturellement deſchargées par
les vrines, & par le ventre, qui ſont mouue-
mens de la circonference au centre ; par les
Bains elles ſont attirées à l'habitude, qui eſt vn
mouuement contraire du centre à la circonference, & qui eſt plus faſcheux, attirées de la
ſorte elles conduiſent quant & ſoy les humeurs
craſſes, & groſſieres phlegmatiques, iuſques aux
extremitez des vaiſſeaux, leſquelles neantmoins
à cauſe de leur groſſiere ſubſtance, ne peuuent
eſtre ſuffiſamment attenuées pour trauerſer
plus auant, & s'éuaporer, ſi bien qu'elles reſtent engagées dans les parties, & plus difficiles à

les à desranger que deuant. Ie ne reprouue toutefois ceste practique aux paralysies, qui procedent de colique, dautant que l'humeur vitrée
lequel par son froid excessif a causé telles coliques, & paralysies, a si bien refroidy les intestins, que les parties nerueuses & musculeuses,
lesquels partant ont autant besoin de ceste fo-
mentation interieure, que ces autres de l'ex-
terieure.

COMMENT IL SE FAVT
comporter dans le Bain.

CHAPITRE XLVIII.

IL se rencontre souuent que ceux qui ont besoin de se baigner, ont le foye naturellement
chaud, & consequemment les reins, à cause du
sang contenu en la veine caue, & emulgentes,
& ceux-là peuuent defendre ces parties, par
l'application des cerats santalin, refrigerant de
Galien, ou onguent rosat, à l'entrée du bain.
Et affin qu'ils ne trauaillent certaines parties
plus que les autres, & qu'ils soient mieux en re-
pos, ils se peuuent asseoir sur l'vne des marches
du bain, ou autre siege propre, mettans quelques draps en plusieurs doubles sous leurs fes-

ſes, en ſorte que l'eau ſoit iuſques au menton, & la nuque, principalement les paralytiques, leſquels ayans leur mal au principe de la mouelle de l'eſpine du dos, aux derniers bains, doiuent s'expoſer au canal pour receuoir contre les plus hautes vertebres du col, l'eau venant de ſa ſource. Il n'eſt à propos de prendre aucun aliment dans le bain, non plus que deuant, ſi la foibleſſe des malades ne contraint, auquel cas, deux heures auant le bain, ils peuuent librement receuoir vn œuf frais mollet, ou vn tiers d'eſcuellée de bon conſommé, ou boüillon, & eſtans dans le bain, mettre en la bouche quelques confitures, comme eſcorce de citron, canelat, orengeat, & ſemblables, ou s'ils ont de l'alteration, vn peu de gorge d'ange pour ſe rafraiſchir. A la ſortie du bain, ſeront enueloppez dans vn linceul bien ſec pour les ſeicher, & receuoir leur ſueur, puis ſe remettans au lict, ſueront vne heure, ou enuiron ſelon la neceſſité, & comme leur mal le requierra, ſans grande contrainte; puis ſe feront doucement eſſuyer auec linges blancs, vſez, bien ſecs & ſans chaleur; commençant aux parties ſaines, & finiſſant aux parties affligées de mal. Finalement changeans de place, ils prendront plus de liberté à ſe mouuoir, & moins de couuertures, affin de remettre leur

chaleur en sa naturelle temperature. Ce faict,
ils receuront quelque bon boüillon, ou consom-
mé, & se gardans de l'air froid, reprendront
leurs petits exercices ordinaires, attendans
l'heure du disner. Mais comme les serositez
diuerties, attirées à l'habitude, & euaporées
par les sueurs, le ventre ordinairement reste
sec, & constipé. Les malades en ce cas doiuent
estre soigneux de se faire donner des lauemens
bien remollitifs les soirs auant que souper.

DE LA DOVSCHE.

CHAPITRE XLIX.

L A Dousche n'est autre chose qu'vne em-
brocation faite de l'eau du bain sur vn
membre particulier, laquelle se fait pour penetrer dauantage dans la partie, & la reschauffer, & seicher plus fortement. C'est pourquoy
il est necessaire que l'eau soit versée egalement
d'en haut, & qu'elle soit plus chaude, que
pour le bain vniuersel. En quoy ie n'approuue
la façon de la donner auec vne tine persée au
dessous. Car le branslement de ladite tine, l'iné-
galité de la cheute de son eau, & la chaleur d'i-
celle ja dissipée dans l'estenduë du bain, auquel

M ij

on la puiſe, la rendent moins propre, & vtile
pour les ſuſdits effects. Mais i'eſtime, que vui-
dant le bain à demy, on peut fort facilement,
& mieux à propos receuoir ladite Douſche ſur
les membres affligez, de l'eau qui tombe du
gutturnium de ſon canal, qui la porte dans ledit bain : auquel auſſi appliquant vn canal de
deux pieds de long, on pourra prendre vne partie de l'eau pour en meſme temps la porter ſur
autre partie du corps qui en aura beſoin: & ainſi
on peut receuoir la Douſche ſur deux, & pluſieurs membres en vn meſme temps auec éga-
lité, & plus forte chaleur. Or ceſte façon de
bain particulier a beaucoup plus de force à penetrer les parties nerueuſes, fait des meilleurs
effects, & eſt plus facile à ſupporter aux malades, qui ont ſeulement certains membres foibles ou maleficiez, que le bain vniuerſel.

DE L'APPLICATION DES *boües.*

CHAPITRE L.

LA boüe des bains a meſmes effects que
leurs eaux, & partant propre à toutes les
parties, qui ont beſoin de chaleur, & ſeiche-

reſſe ; elle differe neantmoins en ce que l'eau,
à cauſe de ſa tenuité, ne ſe peut appliquer, &
retenir ſi commodément ſur les parties meſme
dans le liĉt. Car comme ſes parties ſont plus
groſſieres, & craſſes, elle y eſt plus facilement
retenuë. Mais auſſi a-elle beſoin de vehicule,
pour luy ayder à penetrer, & inſinuer ſa vertu
plus auant dans les parties, & c'eſt à ce ſubieĉt,
qu'ordinairement on luy deſtrempe, & meſle
de l'eau de vie, ou autre eſſence neruale, & propre, tant à penetrer, qu'à fortifier le membre, ou
diſſiper la cauſe contenente de ſon mal , &
l'eſtendant, comme cataplaſme, ſur linge fort
vſé , & trempé en meſme liqueur, on l'applique ſur les parties au ſortir du bain, voire en
tout autre temps, & notamment la nuiĉt. Mais
comme la pluſpart, elle eſt miſe ſur parties nerueuſes foibles, & que non ſeulement le chene-
ueu eſt ennemy du principe des nerfs , & ſequemment des nerfs meſmes, mais auſſi toutes
les parties de ſa plante , ſans doute l'application
des bouës faite auec eſtoupes eſt preiudiciable,
& vaut mieux les appliquer auec linges bien
vſez, & vieux, qui ont perdu par les frequentes lexiues la force naturelle de leur principe,
oubien auec laines qui ſont neruales, & fami-
lieres à telles parties affligées.

DES CORNETS.

CHAPITRE LI.

IE ne trouue pas qu'il y aye grande difference entre l'effect des ventouſes, & celuy des
Cornets, quant à l'attraction. Car quoy qu'on
die, i'ay ſouuent veu tirer plus de ſang par certains cornets, bien que le cuir fuſt legerement
ſcarifié de la flammette, que par des ventouſes,
où le cuir eſtoit entierement couppé, laquelle
quantité de ſang me ſembloit venir des parties
autant eſloignées, que ſi elle euſt eſté tirée par
des ventouſes les plus longues. Mais leur difference conſiſte en la façon d'application, ſcari-
fication, & diuerſité des parties, auſquelles ils
ſont appliquez. Car les ventouſes font leur attraction de peur du vuide, lors que l'air interieur
rarefié par leur flamme, vient à ſe refroidir, &
condenſer par le froid de l'air exterieur, ladite
flamme eſtant eſteinte, faute de liberté de l'air
pour ſe nourrir, & exhaler. Mais les Cornets
attirent de peur du vuide, par la force de l'in-
ſpiration de celuy qui les applique. Les ventouſes ſont ſcarifiées auec la lancette, biſtourie,
ſcalpelle, ou raſoir, en ſorte que le cuir eſt en-

tierement couppé, & le plus souuent les pan-
nicules adipeux, & charneux : Aux cornets la
flimmette ne couppe que la moitié du cuir, ou
bien peu plus. Les ventouses sont appliquées
aux parties charnuës seulement ; & les cornets
en toutes les parties du corps, mesme aux plus
exangues, & seiches. Quoy qu'il soit, les cornets sont vtiles à l'éuacuation de toutes matieres chaudes, & sang grossier contenus sous le
cuir, & dans iceluy, mesme des matieres froides
& flatuositez, qui empeschent l'ouye, si apres
les remedes generaux, rangeant l'aureille ex-
terieure dans le cornet, on les applique diuerses fois au meat de cet organe.

LAVS DEO

Taceat qui tacuit, vel

Escris du subiect enuieux,
Sans t'amuser à me reprendre :
Je me taiseray pour apprendre
Si tes raisons l'expliquent mieux.

EAUX · DE · VICHY

www.ingramcontent.com/pod-product-compliance
Lightning Source LLC
Chambersburg PA
CBHW071513200326
41519CB00019B/5925